個人品牌

斜槓時代成就非凡的7個自品牌經營守則

第一本在地觀點出發的自品牌經營全攻略

何則文
Wenzel Herder

Personal Branding
7 Steps to
a Brand New You
in the Slash Generation

目次

Contents

目次

Contents

個人品牌

斜槓時代成就非凡的 7 個自品牌經營守則

讓何則文帶你進入品牌的藍海

蔡淇華／惠文高中教師、作家

　　這本書的第一頁就會強力震撼你！為何一個沒有任何前科的華裔女孩，只因網路上的私密留言，就被美國海關拒絕入境？這個故事告訴我們，在走過必留下痕跡的網路時代，每個指尖的滑動，都與「經營個人品牌」休戚相關。

　　品牌經營的書籍在坊間汗牛充棟，但是像何則文這本《個人品牌：斜槓時代成就非凡的 7 個自品牌經營守則》一樣紮實、又接時代地氣的好書，甚少。這本書提醒我們「你的聲譽就是資本」、「要成為一個領域的專家」、「一個工作要做三年才能學會東西的觀念，已經過時了」、「想要成為一個領域的專家，跟一份工作做多久沒有正相關，重點是在每份工作中做了什麼，獲得什麼技能」、「不要偽裝自己，個人品牌才不會崩塌」。

　　只有真的在業界實際打滾過、又兼具學養的高手，才有

可能擁有這樣的職場智慧。何則文說：「你可以發明自己的工作！一年以後成為全新部門的主管。」說的就是我目前的樣貌。我不得不對這一本「未來經典」拳拳服膺，因為這本書句句切中自己三十年的職場經驗，也提供我「維護品牌」的金玉良言。

在薪資 Cost Down 的全球化氛圍中，有品牌就有價值，有品牌就不會陷入價格戰的紅海。然而大眾對「營造個人品牌」及「危機處理」往往漫不經心。非常推薦各世代的讀者打開何則文這本新書，保證大家會在一則則精彩的故事和案例中拍案叫絕，也因而內化各種可影響你一生的品牌經營理論。

所以，打開《個人品牌：斜槓時代成就非凡的 7 個自品牌經營守則》吧！讓何則文帶你進入品牌的藍海！

運用「個人品牌」掌握機遇、 創造變數！

許復／資深媒體人、作家

　　「個人品牌」經營是一條長遠的征程，自體至用，從堅實的個人核心，到方面兼顧的傳播矩陣，以及外部環境的勢頭掌握，多一點、少一點，都會結出顏色不同、味道不同的果實，而互聯網的洶湧來臨更是把一切的可能性放到最大。

　　九十後的何則文，就是在這樣一個風起雲湧的「個人品牌」時代中從同輩脫穎而出的年輕人。他帶著文科生特有的溫度，堅定地舉起旗幟，闖進快速迭代的互聯網節奏，更在全球政經板塊位移帶來的機遇中，不僅實踐了「個人品牌」的創造典範，更用他充滿朝氣的影響力，或下筆千言、或談吐生風，持續影響更多同時代青年人一起邁向趨勢所向的「個人品牌」道路。

　　我個人長年在工作中鑽研企業家及政治領袖的「個人品

牌」學問，深知不少人對此的誤解：這只是「大人物」們的必修課。殊不知，在這個分秒愈漸扁平的全球化時代，或許享有不同的資源分配，但活在不同角落的你我以及每一個人，卻都被賦予了無法估計的可能性，而在這其中，關鍵的變數之一就是打造「個人品牌」這回事。我鼓勵你現在就翻開則文的新著《個人品牌：斜槓時代成就非凡的 7 個自品牌經營守則》，開始為自己的明天做出不一樣的準備。（本推薦序作者許復，曾為新聞主播、跨國企業公關總監、中國 APEC 代表「女版馬雲」王樹彤近身幕僚，亦為企業家與政壇領袖擔任「個人品牌」與演講顧問）

推薦小語

在這隨時發生巨大變動的時代,我們活在恐懼、不安之中,必須隨時警覺社會變遷並保有彈性。但如何保持一定的彈性呢?有人提倡建立經營「個人品牌」,將之成為你最強大的武器。可惜的是,從未有人完整梳理經營個人品牌的脈絡,讓你無法有策略性來思考「個人品牌」與你之間的關聯性。而何則文透過 7 個法則,帶你貫穿「個人品牌」的旅程。

鋼鐵 V ╱個人品牌經營家

何則文以自身豐富經驗,和對職場前瞻觀察,寫出這本兼具理論與實作的著作,相當適合新時代職人參考學習,推薦一讀。

朱楚文╱財經主持人、作家

這些年,很多人著迷個人品牌、愛談斜槓。他們看上的

是「自由」與「爆紅」，卻忽略背後的「紀律」與「累積」。在眾多談個人品牌的著作裡，何則文的《個人品牌》是我覺得最踏實嚴謹的。他不畫大餅，而是手把手，一步步教你如何「創造內容」、「經營形象」、「連結人脈」；他不打高空，而是老實告訴你，別想一夕爆紅，「賦能利他」才能細水長流。我的作家夢，是靠個人品牌撐起的；但讀了《個人品牌》後，讓我腦洞大開，未來的路，因此柳暗花明。

歐陽立中／Super 教師、作家

何則文是新世代個人品牌的典範代表，大學就開始累積寫作實力，擔任講師分享，成為各大媒體平台的專欄作家，也廣泛受邀到各級學校演講分享。在公司中，我也看到他「不一樣」的天賦和特質，讓他領導成立 HR IMC（人資整合行銷）團隊，擔任「品牌管家」的職務，幫助團隊橫掃中國人力資源領域各大獎項。《個人品牌》這本書就是一部思維導讀，說明何則文採用成長思維，把自己不斷推進的歷程。本書能幫助想被看見的你，找到自己的方向。

薛雅齡／前鴻海集團富智康國際人資長、作家

還記得何則文說，要以出版魯蛇做為他書中的案例時，本魯有點受寵若驚。畢竟從一開始、2015 年 1 月底開設粉專

的時候，根本都還沒有聽過「網紅經濟」、「自媒體」這些詞，就只是一個興趣取向的（簡單講就是做爽的）粉絲團而已，罵罵工作、罵罵老闆就覺得人生很開闊，實在也沒有想到它有破萬的一天，更沒有想到能夠因為這個粉專而有了與更多人合作的機緣。

現在回頭檢視、再對照本書中提及的許多自媒體操作的心法，確實覺得這些概念都是相當容易入門、每個人都能自己思考並執行操作的。所以，不要小看自己，只要有心，人人都可以是魯蛇（誤 XD）。

出版魯蛇碎碎念／臉書「出版魯蛇碎碎念」版主

近年來關於「優質人才」的定義，有一個越來越有共識的看法：就是能夠在新的領域中，快速學習、快速掌握、快速產出，經過幾次驗證，就是一個毋庸置疑的優質人才。另一方面，我認為：新一代的人才就是在自我辯證與嘗試中逐步建構實踐出來的一代，一種個人小我品牌化為大我利他的摸索過程。何則文就是上述兩者混搭成形的成功範式。我相信不論是哪個年紀，都可以透過本書找到屬於自己的成功方程式。

盧世安／人資小周末社群創辦人

變動的時代中需要有卓越的意見領導我們，出身歷史系的何則文在科技公司任職，同時具備人文與資訊的素養。當年輕人還在徬徨未來不知該如何是好的時候，他透過本書給了我們一張很好的未來藍圖。

胡川安／國立中央大學中文系助理教授

認識何則文是因為一位臉友私訊我「你們兩個的文章內容很相似」，當時正在孤獨自己寫文章分享的我，聽到這句話馬上發揮肉搜功力，發現彼此觀點的確很相似。我們都沒有亮麗的家庭背景，卻勇於走出舒適圈、有一份良好的正職工作，一邊經營個人品牌。更意外發現，何則文竟然是我大學啦啦隊校隊戰友的高中同學，這位戰友成為了介紹人，促成了我跟何則文的認識與後來合作舉辦演講，現在也有機會協助推廣這本新書，並成為書中的故事與案例。

「人生沒有什麼是白費工夫的。」這大概是我從這件事情上的體悟，如果沒有主動出擊，就不會有現在這樣互相合作的機會，這也是做個人品牌的最基本守則，把自己當成平台，營造自己的社群。謝謝則文將現今大家都想追隨的理念與生活，匯聚成書。

在我人生至今為止，「做自己」就是我的目標與理想生活，我的生命也不停實踐這樣的理念。「十年後你有什麼目

　　　　　　　　　　　　個人品牌

標？」記得有一回面試，企業執行長這樣問我，在我侃侃而談的一小時內，僅有這個問題讓我停下來，請他給我一點時間思考，後來我回答「我認為能做自己想做的事情就是我的目標，無論是什麼年紀、無論那是什麼」，也許透過這本書，你可以更接近自己的夢想與初衷。

少女凱倫／個人品牌經營家

第一章
開始塑造專屬品牌

為什麼每個人都要塑造個人品牌

　　在美國機場的海關，一位穿著時髦的華人女孩正排隊等待入境檢查，她這趟行程是假期結束要回學校上課。美國對她來說並不是一個陌生國度，在美國留學的她就像回到老家一樣。

　　好不容易輪到了她，她交出手中護照，移民官拿著掃了一下，突然凝視了螢幕良久。使用疑惑的眼神看著女孩，接著示意旁邊的行政人員走來，把女孩帶到了一個房間，小房間裡的人們都是東方面孔。裡頭的移民官看了看女孩的資料，告訴她，她被拒絕入境美國了。

　　從來沒有任何前科的她，為什麼被拒絕入境呢？再說，她是留學生呢。原來，她曾在微信上發過一些訊息，說她其

實不喜歡在美國的留學生活，她只是為了留在美國才保留學籍。這些訊息以中文書寫，而且只有她跟她的閨蜜能看到。這樣，美國海關以這些網路言論作為理由，認為她入境美國恐有其他意圖，因此拒絕她入境。

這看似不可思議的情節，不是電影劇情，而是真實的故事，是發生在 2018 年的真實事件。在一個平台跟社群的時代，我們在網路上的一切行為都暴露在大眾底下。我們的臉書、IG，模糊了我們的隱私界線，社群網路也讓每個人都擁有一個「公眾形象」。

即便是完全沒有任何社群帳號的人，他的資料仍可以在網路中找到，只要有名有姓。這時代很難不留下網路足跡：校內比賽的得獎榮譽、社團的活動或者你朋友在影音平台上傳的影片，而你剛好在畫面之中。

這是一個變動的時代

許多企業的招募專員看完應徵者的履歷、鎖定適合的人選之後，並不是直接邀請面試，而是在社群平台用中、英文名搜尋這個人，試著透過臉書、IG 等社群媒體看見真實的他。因為提供給企業的履歷可以包裝、誇大或造假，但網路發言

的內容就代表著一個人所思所想，很難隱藏。

　　也有些 AI 公司開發了「智能」社群招募的產品，當確定候選人後，AI 會自己透過網絡爬蟲尋找候選人在搜尋引擎能找到的訊息，並且透過比對，排除同名同姓的人，直接分析該名應徵者的學經歷與網路形象是否與職缺符合。

　　許多書籍都形容我們身處的時代是一個 VUCA 的時代，這個源自軍事用語的術語是 volatility（易變性）、uncertainty（不確定性）、complexity（複雜性）、ambiguity（模糊性）的縮寫。它幾乎成為一個新興的慣用詞，用來描述這個時代。

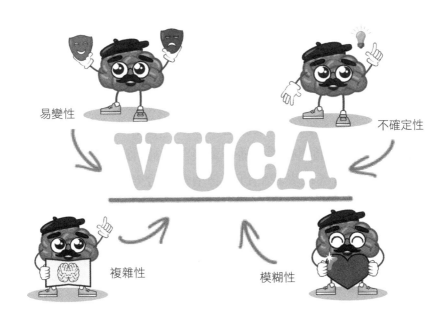

的確，我們正面臨一個難以預測的時代。氣候變遷、全球政治的混沌不明，帶動了經濟上的各種困境。唯一可以確定的是，隨著 AI 跟大數據等未來關鍵詞不斷的被深化應用，人與人的連結只會更加緊密。今天我們已經可以透過網路上的足跡，對一個素昧平生的人的思想、行為跟人格進行分析，也就是俗稱的「人肉搜索」。

新媒體帶來的影響

在這種情況下，傳統的應聘模式或工作模式都會開始解構。我們如何被人認識，如何認識人，都產生了根本性的改變。未來即便是你在網路新聞報導下方的留言評論，都可能影響你的前途。

舉例來說，我們都聽過許多在匿名論壇隨口噴網友髒話的鄉民被告，收到傳票後被迫用數萬元和解。也有一些老人在 Line 之類的通訊軟體散播不實謠言而被行政當局究責。

當然，這不代表我們每天必須緊張兮兮，好像被監視一樣活在恐懼中。重點是，在這樣的環境下，我們可以透過各類新媒體、新網路生態、其背後的連結以及平台概念，塑造出自己的個人品牌，找到潛在的可能商機，創造出屬於自己的價值跟意想不到的職業生涯前景。

未來我們每個人都會像個個體戶，利用自己的技能為組織或外部提供服務，所以 IMC（整合行銷傳播）的概念，也要從組織下放到個人。

同時舊有的雇用、應聘模式也會慢慢被淘汰。未來如果在網路上沒有任何足跡的人，反而可能被懷疑其經歷是否真實，理由就是此人沒有任何可以佐證的材料（即便有豐富經歷，也會被認真檢視驗證）。

所以如何維護、塑造我們的個人品牌，就是一個相當重要的課題。這不只是那些想要成為網紅或 YouTuber 的新世代職業所需要注意的，而且不論你是管理者、求職者，甚至是學校老師，只要生在這個時代，都要關注個人品牌經營。

任務型的網絡性組織興起

在未來的組織體系裡，傳統的科層體制會被打破，組織的疆界越來越模糊。傳統的企業內部各部門分工明確，財務就管好數字，研發就做好產品，行銷就腦力激盪想方設法賣產品。在未來的組織，這種模式將會被打破。

平台化跟神經網絡化的組織型態正在興起，部份原因也在於許多傳統的、可被流程化的工作逐漸被機器人或人工智慧取代，所釋放出的人力就需要從事更靈活、更有創造性的

工作。

　　新的形態會像是任務型的網絡性組織，平常沒有固定的、被綁死的組織單位，反而是像線上遊戲打怪一樣，每個人根據自己的技能跟標籤，而擁有自己的「屬性」。比如有人會平面設計，有人會社群營銷。當新的專案出現，就依照此專案需要的能力條件組成任務型組織。等專案結束，人們又回到自己的編制內。

　　許多互聯網企業都開始嘗試這樣的做法，如臉書跟阿里巴巴正在小規模實驗這樣的新工作形態。在這樣的形態下，工作更自由，個人更能貢獻所長。亞馬遜也順應所謂零工經濟跟斜槓青年的趨勢，開始實驗短工時的工作型態。一週只要工作四天，一天只要五小時，但是薪水減少 25%，讓員工自由拓展他的第二、第三人生。

事業將掌握在自己手中

　　所以，我們看到的未來將是一個完全不同的職業生態。然而，大多數傳統的學校教育卻沒有意識到這樣的改變，許多在職場歷練已久的人，甚至高階管理者，也還沒看到這樣的趨勢。雖有洞燭先機的企業與學校積極尋找相關的培訓組織及講師進行培訓，但我們面對新時代，不能被動等待所屬

單位給予資源學習，而要主動出擊。

透過個人品牌塑造，我們將能夠開拓過去從未想過的人生可能。這裡簡單分享這樣的趨勢與要點：

1. 每個人都是創業者：「企業家精神」與「創業態度」不只是企業創辦人應該擁有，在這個時代每一個人都需要有創業家的精神。無論是在企業組織內工作還是成為個人工作者，每個人本身都是一個產品，而自己也要努力把這個產品與所能產生價值的服務賣給我們的客戶。「客戶」可能是組織內的其他單位，或者真正能賦予你價值的粉絲與顧客。

2. 人際連結決定成功：這過程中，決定成功的不只是有沒有實力，未來的時代人與人的連結透過網路更加緊密，能夠善用這樣人際連結的人才能出眾。主動出擊找到你的導師、屬於你領域的社群以及你潛在的客戶，並且要與之建立正向的連結，透過利他的思想帶來價值，交互傳遞正面能量。

3. 你的人生是公開的：我們很難在這樣的時代隱藏自己，捍衛隱私會變成一個十分困難的事情。你的主管、同事、

朋友等必然會在網路社群上與你連結，即便是素未謀面的潛在粉絲跟客群，都需要透過你的公開形象來判別你是否可靠。所以我們的人生將不再只屬於周遭的家人朋友，必須被迫公開。

4. 這時代沒有鐵飯碗：變動混沌的時代，可以讓一家穩健經營數十年的大型企業沒有預警的瞬間崩潰。不論任何型態（企業、國家等）的組織都面臨艱鉅的挑戰，過去那種在一個公司或組織工作三、五年甚至十年到終身的情況，已經不復存在。即便是公營事業或政府，也都面臨巨大的壓力與挑戰。在今天，以往那種安穩度日的鐵飯碗將不存在。

5. 你的聲譽就是資本：能帶給我們價值的，不只是我們的專業技能（也就是硬技能），更多的是我們的聲譽以及形象。而如果要建設個人品牌，需要更多的軟技能，例如人際溝通、公開演說、故事書寫等能力。個人品牌的聲譽也會與收入直接掛鉤，成為每一個人都要面對的課題。

6. 成功將由你來定義：所以，未來的工作模式會更有彈性，

且有多種可能性；多重職業跟身份會是趨勢，個人形象公眾化以及職業領域的社群化也勢不可擋。而成功的定義也是如此，未來的成功定義將會跳脫過去思維的「收入」以及「在組織內位階高低」等舊有觀念；未來的成功將更多的由個人來定義跟創造。

接下來，我們會深入討論如何透過科學化的縝密方法，建構出屬於你的個人品牌；如何透過利他的核心思維，以正向循環為組織、社會乃至於個人創造價值。

探索你的方向

談到個人品牌經營，我們要從品牌行銷的角度思考。品牌更多的是一個形象跟信仰的塑造，拚的不只是技術層面的硬實力，更是形象塑造的軟實力。這正是台灣品牌比較不足的地方：讓品牌立體化跟形象化。

比如今天提到手機品牌，小米給人的感覺就是 20 幾歲畢業不久、注重生活品質的都會小青年；華為則更讓人覺得是穿著西裝談生意的商務人士拿的。至於 OPPO 跟 Vivo 的女性化形象更強。因為這些品牌都有鎖定一些特定的市場，努力去深度經營，塑造出「我就是某個群體最好的選擇」而獲得

成功。

　　相較而言，台灣的企業比較忠厚老實，HTC 之所以從王者寶座墜落，就是因為在品牌形象塑造上太過模糊，一下找五月天，又找小勞勃道尼，給人一種曖昧不明的定位；一下想用規格取勝，卻不知道做品牌更多的是需要受眾的「信仰」。華碩過去也犯過這種錯誤，前幾代 Zenfone 幾乎什麼群體都想吃下，做了自拍美顏機，又做大電池的性能怪獸，在定位不清下始終只能用低價取勝。直到近期開始用 ROG 的電競手機才找到自己優勢，建立明確形象。

成為一個領域的專家

　　所以，我們在經營個人品牌上也要找到自己明確的定位，就是「自己要成為某領域的專家」，例如是平面設計名家、產業技術大牛、冷知識網紅插畫家等等。自己要先有個定位，但這定位不是一蹴可幾的，許多網路世代的知名 KOL，都是不斷的在嘗試中尋找自己定位。

　　擁有百萬粉絲的館長陳之漢，起初也只是以健身教學的影片為主。後來在過程中常批判社會局勢，慢慢找到自己以草根形象評論時局的直播風格。而另外兩位 Youtube 網紅 Joeman 跟老高，現在都以談話影片為主，談論的主題各有風

格，但他倆最早其實都是從遊戲直播起家，後來發現遊戲直播做不過其他大咖，才改變風格找到自己的道路。

個人的情況也類似。或許一開始在經營個人品牌的時候，還沒有一個明確的方向跟道路，而不斷嘗試的過程中，會慢慢知道自己的定位跟能為大眾貢獻的價值。但在這個過程中你必須知道，你最終要成為「一個領域的專家」，一定要在特定的領域學有所成，比別人更具有優勢，才能讓自己的知識跟技能對其他人產生價值。否則可能產生名不符實的「冒牌者症候群」。

經營個人品牌時，雖然塑造形象的行銷軟技能十分重要，但這些都可算是外部的包裝，最重要的是包裝底下的硬實力，也就是你的專業知識跟技能。這個根基必須要十分厚實，才能讓你的野心跟實力相符合。如果空有過度的包裝卻沒有相應的專業技能，最終也會被看破手腳。

這也是許多知名網紅遇到的情況。比如號稱知識型網紅卻被踢爆分享的訊息錯誤連篇，甚至讓政府相關單位出面澄清，徒然留下被鄉民嘲諷的尷尬，最後暴起暴落，銷聲匿跡。

三個一年與一個三年

俗話說十年磨一劍，在日本的職人精神中，對每個達人

的養成也需要多年的培育，在百年壽司老店，學徒可能要打雜五年才能正式進入壽司製作的學習。然而這個時代跟過去已然不同，有些相關科系出身的專業技能，很快就跟不上時代了，或者就算是知名頂尖大學畢業，進入職場也需要重新學習技能。所以想要靠一招半式打天下可以說是癡人說夢。

可是，在培育技能的過程中，許多人誤以為就像釀造醇酒般，需要多年的積累才行。很多年輕人寫信問我一個問題，就是老一輩都說一個工作要做三年，才能學會東西，就像日本諺語中說的「坐在石頭上也要待三年」（石の上にも三年）。因而對於第一份工作往往死賴活待也要待個三年才肯換，或者至少要來個兩年整數，即便在那個工作中得不到任何技能提升跟成就。

其實這也不盡然正確，「學到多少技能」跟「待多久」不完全正相關。今天我們去資策會上專班半年就可以學到 APP 如何設計，成為軟體工程師，網路上也有許多大神一年就從完全不會到考過日文 N1。所以我們試問：現代企業的辦公室中，有多少的單一工作技能需要紮紮實實呆上三年來學習？

從人資的角度來看這個問題，時間的長短是一回事，更重要的是這段時間中做了什麼事情、獲得什麼技能。如果今天有兩個應聘者，第一位有三年工作經歷，可是三年都是做

很日常的行政工作，另一位只有一年經歷，還換了兩個公司，然而卻有與國際企業應對跟特殊的專案主導經驗。作為主管，在找創新型的人才，會想找哪位呢？

上面案例當中的第一個人，或許不應該稱為「擁有三年經歷」，而是擁有「三個一年經歷」。這種人在過去的企業中，至少可以擔任行政人才，因為他擁有穩定的性格。可是未來這些可以ＳＯＰ化的工作，慢慢會被機器人跟ＡＩ取代。所以想要成為一個領域的專家，跟一份工作做多久其實沒有正相關。重點是在每份工作中做了什麼、獲得什麼技能。

所以我們總結一下：想想一個在半年完成兩個影響公司走向的重大專案的年輕人，他所建立的名聲跟學到的技能，難道會輸給一個在同一家公司默默努力做三年、卻都是從事替代性高的基礎事務的人嗎？所以千萬別再相信一個工作一定要做滿三年的古早味職場神話。

***

知名台灣互聯網社群 X Change 的創辦人許銓，27歲就當到亞洲最大互聯網企業的海外 BD 經理，收入是同齡青年平均的十倍。他任職過 Google、Line、雪豹科技、三星等這麼多公司，推算下來，23歲開始工作的他，其實每一家都工作不到兩年。他之所以能快速升遷，就

是不相信所謂的三年魔咒。做好每一個當下，做出成績，讓自己成為更高階職缺的最佳候選人，這樣就能讓下一家公司青睞。至於你上一份工作做幾年，其實不重要，能力夠強，大家都搶著挖角你。

列出你想要擁有的核心能力

　　從上面的討論可知，我們要在不斷摸索中確立自己要深入的領域，過程中最好有個方向。我們可以先列出自己的興趣愛好，找到自己希望擁有的核心技能。這個清單不一定是你本來就擁有的技能。比如你想成為一個知名插畫家，你甚至不需要現在就會畫畫，你只要有一個「想要擁有這個核心技能」的積極態度跟學習動機就好。

　　方法很簡單，我們可以拿出一張 A4 的白紙，寫下十個你喜歡的事物──不一定要是具體的職業，可能是單純你喜歡的東西，就算關注白海豚保育這種也可以寫上。最後試著把喜歡的這幾個東西，作為關鍵字說出一個完整的故事。故事可以很荒誕，甚至不需要有邏輯性，像小朋友童話也行，然後反覆咀嚼這個故事。接著，從你所編的故事中分析自己：

為什麼會這樣想？喜歡跟想要做的事情是什麼？

然後試著把這些興趣、愛好跟現實結合。有什麼樣的工作模式是可以結合你所喜愛的事物？這些甚至不需要是一個已經存在的職位或者產業。漸漸就可以了解要達成這目標所需要的核心能力：可能是電繪、攝影、文案行銷等，再開始擬定學習這些項目的方案，進而充實自己。

擁有百萬粉絲的知名網路插畫家洋蔥，在大學時就創立了粉絲頁 Onion Man，當時的他甚至不會畫畫，只能用小畫家等級的簡陋插畫來貼文。但他有個最終的夢想，就是他想當超紅的網路插畫家，僅此而已。能力跟技術都可以靠後天的學習來增強，但是那個初衷跟信念則是很難強加於身的，所以一定要從自己真心想要走向的方向開始思考。

展開調查，建構你的知識書單

又或者，你可以用另一種方式找到你的興趣，就是把自

己關在誠品書店一整天，關掉手機，逼自己閱讀實體書。一定會有一區的書籍是你可以百看不厭，泡一整天都不覺得累的。那就是你的興趣愛好，那就是你未來可能發揮巨大潛能的核心能力。

有了方向以後，我們就要展開調查。我推薦的方式是閱讀實體書，實體書的訊息都經過消化跟編輯，雖然看似訊息量很大，但是都是經過淬鍊的。一本書約莫需要一年的時間，在作者跟編輯、行銷的努力下共同誕生。因此內容相較快速產出的網路文章更有沉澱。

想要透過閱讀來建構自己的知識與技能體系，首先我們需要有個書單。這個書單就是你想深入領域的敲門磚，你要先調查，在這個領域有什麼行業大牛或者專家巨擘，他們各自又有怎樣的論點跟想法。就好像寫任何論文都需要有文獻回顧一樣，我們要先認識這個領域，然後透過前人的知識成就，站在巨人的肩膀上，才能更快速的建構屬於自己的理論架構。

接下來，我們會有一個部份專門來談如何透過各種方式，習得並建構出自己的技能與硬實力基底。建立個人品牌的首要功課，就是要成為一個領域的專家。

未來雇用趨勢

在建構個人品牌之前，我們要先了解：為什麼在時代的浪潮下，「個人品牌塑造與經營」已經成為每個人都需具備的重要能力。就像宋代大儒朱熹所說的要「知其所以然」，斜槓青年跟零工經濟的確是當代的工作趨勢，但其背後形成的大環境背景，也是我們所需要知道跟了解的。

全職工作越來越少

日本在 1990 年代經濟泡沫化，企業經營面臨極大困境，源自日本傳統武士道精神的「終身雇用制」也瓦解，大量的員工從正職社員改換為派遣人力，而在經歷金融海嘯後，許多派遣職位又被精簡掉。這種趨勢後來也成為台灣企業運用的模式，大量使用派遣員工，或者先將新進員工聘為一年合約制的約聘人員，一年一聘的模式，表現出眾再轉為正職。

從企業的角度，這是再合理不過的決定。養一個全職正式員工的成本十分高昂，除了固定薪資、各種社會保險（勞健保）之外，還要負擔許多成本。如果組織面臨外在環境的威脅，需要靈活調整，此時全職員工需要付出的成本（資遣費）是很高的，更別說背後可能的勞資爭議問題。

除了用派遣工，許多公司還把組織內的任務拆解出去。過去由內部全職員工處理的事項，開始轉由外部專業的外包廠商代勞。除了行政類的薪酬可以外包，現在許多高度專業的事情也外包，比如我們熟知的 OEM、ODM 模式就是如此，甚至現在製造業的機構件設計這樣高度專業的工作，都可以在人力資源平台上找到外包的自由個人接案者處理。

　　這樣的情況在台灣也十分常見。香港知名傳媒壹傳媒的《蘋果日報》，就在台灣與許多記者、編輯協議解約，員工

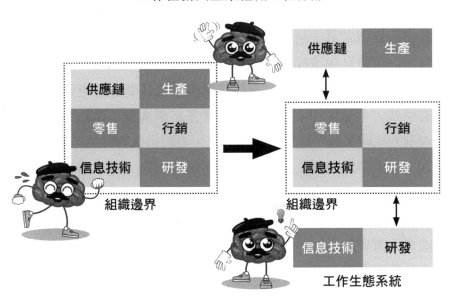

工作任務與企業組織正在分離

　個人品牌

成為組織外的自由工作者，然後《蘋果日報》再把相關的案子外包給這些前員工。這樣的模式不見得是壞事，企業組織可以更節省成本，調配任務更靈活，而脫離組織成為自由工作者的人們將擁有更大的彈性，倚靠實力接案也不見得收入會比較去少，優秀的人還能突破組織薪酬的架構，獲得比以往更多的酬勞。

這個模式在媒體、出版業很常見，除了出版社的編輯開始脫離組織成為自由工作者外，現在甚至連許多新媒體的行銷工作也開始外包，組織本身僅留下最核心不能分離的單位，比如財務、人資、企劃等等。

磚造房屋到蒙古包

未來雇用型態像是一個從磚造房屋到蒙古包的演化過程。過去傳統的雇用形式就像蓋房子，要規劃好地基，把組織架構明確，層層分明，然後開始一磚一瓦的填上（招募相應人才），然後建構出完整嚴密的組織架構。但如同前面說的，我們處在一個急遽變動的 VUCA 時代，過去這種向下扎根的組織架構，反而難以應對變換快速的當代，大企業往往因為大象難轉身，而一夕崩潰。

企業之間的競合就是一場場商業戰爭，有句話說：「天

下武功，無招不破，唯快不破。」（很多人以為這是火雲邪神說的）其實這句話的意思就是要像水一樣能夠快速變形，適應各種環境。快速的變動才能出奇制勝。

所以未來企業需要的人才也從過去的磚瓦型一個蘿蔔一個坑，變成有如蒙古包羊皮布型的自由伸縮，甚至可以借助外部資源，就地取材，也就是我們說的外包給個人工作者的模式。同時，擁有多項技能跟橫跨不同領域的人脈連結，在未來就特別有價值。

人類歷史上最大的帝國是蒙古帝國，從蒙古草原一路南下征服中國宋朝，往西橫掃歐亞，直到今天的烏克蘭境內。一般來說，農耕民族從人口數量、文化體制到生產力都比遊牧民族更為緊密跟堅實，但為什麼蒙古人能稱霸天下呢？

其中一個很大的因素就是機動性強，而且全民皆兵——相較於農耕民族的武裝力量需要很強大的後勤，除了武裝部隊本身，後勤糧食的供給、行政運作都需要人力。草原民族的優勢就是，他們沒有固定的居所，住在輕便的蒙古包，在戰爭的時候能四海為家，隨機應變外在環境。

　　　　　　　　　　　　　　　個人品牌

有「當代成吉思汗」之稱的企業霸主郭台銘的管理風格也是如此，哪邊有客戶就到哪邊設廠，哪邊沒有需求就關廠。一年之內可以建好廠房投入生產，也可以三個月內將一個十萬員工的廠區關閉。雖然擁有百萬員工，但是整個鴻海集團就像個變形蟲一樣，組織根據外在環境不斷對應變換。

咖啡廳辦公與數位遊牧民族

台北街頭的星巴克，即便上班時間仍可看到許多人拿著筆電「振指疾書」。這些人可不是無所事事、游手好閒的人，而是新崛起的咖啡廳辦公模式。他們大多是新世代的自由工作者，或許有自己的立案工作室，也可能用個人名義以勞務承包形式工作。咖啡廳辦公的趨勢反映了社會對於這些自由接案者的接受度大為提升，而這種沒有老闆、自我創業的模式，也讓許多年輕人嚮往。

隨著這樣的浪潮，許多年輕的公司也開始接受組織內的正職員工從事咖啡廳辦公，員工可以自己選擇想在哪裡工作，只有重要會議的時候進辦公室。在家辦公也開始被許多企業

接受，這也讓越來越多體制內的雇員越來越像自由工作者。甚至許多小型或微型企業（不到 10 人的小公司）連辦公室都不租了，索性在共享空間或咖啡廳裡自由工作。

聯合國也有異地工作的政策，就是聯合國雇員每年可以申請一個月在其他聯合國據點工作，例如紐約總部的人員申請到位於曼谷的亞太總部工作。這種異地工作本質上跟咖啡廳辦公有異曲同工之妙，就是透過網際網路的連結，即便同一個團隊的成員也不需要都綁在同一個小空間裡面對面溝通。

這也形成了一個新族群，就是跨國的數位遊牧民族。許多線上接案的自由工作者，不只到家裡附近的咖啡廳工作，由於可以線上接案交案，不需要與客戶面對面溝通，因此已有歐美的自由工作者遷移到生活成本更低的東南亞地區，享受南洋風情，置身旅遊環境。其中以泰國北部的清邁最受歡迎，聚集了大批的數位遊牧民族。台灣知名的旅遊作家，擁有近十萬粉絲的「安柏不在家」的安柏，就是一個標準的數位遊牧民族，她自己也曾在清邁定居過一段時間，過著接案生活。

2017 年 7 月起，日本政府推出一項「遠距辦公日」

（Telework Day）實驗，鼓勵企業員工在家辦公，減少通勤人數；這是為了推廣在家辦公的概念，希望在 2020 東京奧運期間，透過非辦公室辦公，降低交通尖峰時東京大眾運輸系統擠爆的恐怖景象，塑造友善國際旅客的環境。

IBM 的模式

在突破既有組織框架的工作模式中，全球軟體巨頭 IBM 也有其獨到的管理模式「開放人才市場」。這是一個內部的人才交流平台，特色在於在軟體開發專案中實現了任務型的遊戲化平台架構。

在這個平台上，IBM 的員工可以根據他們的時間、興趣，在內部承接其他案子。2009 年開始運作，2011 年擴大規模，IBM 透過這個平台完成的任務高達一萬五千件。

它的模式是，先利用模組分析法，把工作任務拆解成幾個短期任務，然後將相應的任務跟所需的技能發布在開放人才市場上，再根據難易度設立獎勵。接著員工可以自行根據平台發布的任務，組織團隊或者以個人方式參與，如此組成

的團隊再根據任務需求提供解決方案。

這整個模式像極了線上遊戲的組團「下副本」，在傳統的 MMORPG（大型多人線上遊戲）中，會有各種職業分別，比如作為輔助的牧師、物理輸出的戰士、魔法傷害的法師跟遠距離攻擊的獵人等。過程中戰士要擔任盾牌抵擋魔王，法師跟獵人作為攻擊輸出，而牧師作為後勤補血輔助。這個模式下，每個副本都需要有不同職能的職業參與，組團去打怪。

而 IBM 透過這個平台，建構了一個工作中下副本的模式，員工不再由上級指派任務，而是可以自主的選擇自己有興趣的任務，運用自由時間組團合作完成。這過程中運用了即時回饋獎勵的遊戲化模式，提升了員工的積極性，也讓組織反應更即時且具有創造力。

這樣的任務分解，更推動了異地工作的可能性，任務團隊的成員甚至可以分屬不同國家地域，這也讓組織更具有彈性。也就是在拓展新業務據點時，可以派出資深且了解 IBM 文化的員工出去，而他的外派不會讓他與原本單位斷了連結，這樣既能達到快速的細胞複製，又確保企業內部體制跟文化的統一性。

零工經濟與斜槓青年的關係

而因為組織邊界的模糊，導致外包增加，許多接案工作在各類平台湧現，也讓零工經濟蓬勃發展。這種趨勢下，斜槓青年崛起也是必然。斜槓青年相較於零工經濟，蘊含更多個人品牌的味道在其中。零工經濟憑藉的平台，比如 Uber、UberEat 等，讓員工可以運用碎片化的業餘時間兼差，但其本質在於零工，重點在時間與勞動的交換。

斜槓青年不同。斜槓青年在拓展第二人生的多重職涯上，

傳統與數位時代就業生態

傳統就業生態　並存發展 融合促進　數位時代就業生態

傳統求職者　零工　契約工　斜槓青年 創業者

雇用關係　內生平台消失　傳統就業領域　跨界　數位經濟就業領域　平台就業

傳統機構　任務外包　外部平台

日益複雜，多元又暢旺的需求

數字經濟就業人群

更廣泛的高技能與高素質的勞動者和數字化人才與機器智能

除了運用業餘的時間創造價值與收入，更進一步透過個人品牌的塑造，讓自己的專業能力可以接觸到受眾，進而創造價值。

以我自己舉例，雖然很多人用斜槓青年給我標籤，但其實斜槓青年不一定會讓你收入更多，我常常用自己假期去各學校或企業單位分享，有些場次甚至因為準備的成本（請假、交通），使我跑這一趟變成倒貼。但金錢不是我衡量價值的唯一標準，當有人因為我的演講有收穫，那就是我帶來的價值。

這樣的趨勢只會越來越明顯，甚至許多公司突破以往的「員工要專注工作」觀念，開始鼓勵員工業餘時間學習不同領域，乃至於塑造個人品牌。因為核心員工的個人品牌響亮，同時也會讓企業的雇主品牌形象加分。

可惜的是，這樣的風潮下，我們的教育體系仍然維持傳統的觀念。我們可以在學校求職季看到許多傳統的應聘技巧課程，卻很少有大專院校開始開設新時代下個人品牌塑造的分享。企業方面的內部訓練也較少有這方面的內容。大多數的台灣企業是傳統的製造業，即便是服務或者金融，大多不鼓勵高階主管以外的員工在外拋頭露面。不過隨著新創企業越來越多，未來的世代必定會走向突破組織疆界的未來雇用模式以及個人品牌塑造。

專業技能是產品　個人品牌是包裝

可以預見，未來時代的工作模式跟雇用體系下，個人品牌會越來越重要。透過各種平台，服務的需求跟供給方能夠即時的搭上線。過程中每個人都像一個公司一樣，在組織內、外提供自己的專業技術，創造價值。

而在個人品牌的行銷之下，還是需要有紮實的技能作為基底。好的宣傳讓顧客光臨，而好的服務讓顧客再次光臨，一試成主顧。因此，在經營、塑造個人品牌的同時，還要不斷精進自我的專業能力，提供在自己領域頂尖的服務，讓自己的名聲不會超過自己的真正水平，達到名實相符、華實兼備。

個人品牌經營五大要素

開始經營個人品牌之前，我們要先抓好重點，知道步驟。比如專業的畫家在畫人像的時候，都會先畫個橢圓，再標個十字，用意就是要先定位好五官的位置。外行人或小朋友畫人臉的時候，就直接從頭開始畫，最後可能出現鼻子很大嘴巴卻很小等不符合比例的情況。

個人品牌經營也是，許多人在初期並沒有一個完整的規

劃跟藍圖，走一步算一步，常常最後走偏了，忘記自己的初心是什麼。有些人暴紅之後又消失，成為曇花一現的「ex 成功人物」。前幾年在一次媒體採訪中滑稽回應而突然紅起來的泛舟哥，短短不到一個月累積了 70 萬粉絲，甚至獲邀出書，卻因為後繼無力，最後銷聲匿跡。

　　這個時代可以讓我們一夜成名，也可以讓名聲一夜崩潰。只有在一開始對個人品牌就有明確的架構概念，才能如涓滴之流，綿延不斷，持續產生價值。我常觀察各種個人品牌經營的例子，找到五大要點，可以用以下五個英文字母來說明。

PRADA 法則

1. 專業成就（Professional Achievement）：個人品牌經營就像包裝，包裝或許可以吸引顧客買這商品，但要是「金玉其外、敗絮其中」，最後消費者一定不會回購，甚至會上 B 版爆料。所以我們在精美包裝下一定要有很紮實的內涵。這個內涵就取決於我們的專業成就。每個領域的成就方式不同，甚至你也可以定義自己的成就。不一定要是事業成功做到總監級別才能夠分享職場心得，一堆媽媽不也去問一些佛教僧侶婚姻問題嗎？和尚也沒結過婚啊！但最重要的是，自己有相應的能力，才能胸有

成竹，因此要先培養出一定程度的專業技能。

2. 聲譽管理（Reputation Management）：聲譽管理原本是企業公關的一個概念，可分為很多層次。我們的價值觀、願景、使命跟能提供的服務，若能準確地傳給各方面的受眾，就可以建立互信與認同。所以我們在經營自己名聲前，要先給自己一個定位跟定義，自己要先有一個鮮明的形象，在心中描繪出來，再以個人品牌經營的各種策略，讓自己的品牌具象化，進入受眾心中。

3. 人脈連結（Association）：我們認識誰，這點也很重要。很多政治人物都曾因為一張合照而觸發醜聞（比如跟黑道的合影等），因為我們是誰，除了自己散發的形象氣質外，他人評判你的標準之一就是你與誰來往。我們所在的社群也會影響我們的形象，如果與你交往的都是一些阿里不搭，不被社會接納的黑惡頑劣分子，那除非你本人是監獄的輔導師，不然社會同樣會把對他們的眼光投射到你身上，這就是一種「名聲共享」。

4. 傳播計劃（Dissemination Plan）：如何把我們的所思所想傳遞給大眾，透過「賦能利他」的精神為大眾帶來價

值，這就需要一個傳播的計劃。要透過什麼平台，以怎樣的形式去傳播，都是這個計劃要思考的課題。我們要先定位好我們的受眾，知道他們的需求，讓大眾因為對你的訂閱或追蹤而獲得效益，接著你還得透過一系列計劃行銷傳播。這就是何以我們需要一個傳播計劃。

5. 危機預防（Accident Prevention）：經營個人品牌有成，你就會成為某個領域或者大眾視野下的公眾人物，這時候等著看你出糗的人可多了。所以與其等危機發生再處理，不如在每一步中做好預防措施，讓自己成為百毒不侵的無敵鐵金剛。這過程中最需要的就是真實性。當你

所敘述的一切與你內心相符合，並且都沒有造假成分，那真金就不怕火煉，再多黑函毀謗反而讓你有機會告上法庭，給法院認證自己是真貨。

接下來的段落，我們會針對這個 PRADA 法則中提到的內涵拆解，一步步、手把手的教你怎樣經營出一個亮麗的個人品牌形象。

章節重點回顧

1. 這是一個變動的 VUCA 時代，傳統工作型態的模式在未來已不適用。

2. 我們的個人形象會成為我們申請學校、求職或者個人發展上獲得何種評判的重要依據。

3. 組織內的工作分配以任務型的平台化網絡小組為趨勢，組織的拆解將使得個人聲譽及形象等更直接影響工作成效。

4. 每個人的未來將更多的掌握在自己手上，透過個人品牌塑造，能帶來大量機遇。

5. 要塑造個人品牌必須先成為某個領域的專家，有實力才有聲量。

6. 不要迷信三年定理；工作的時間長短不等於專業能力的強弱，在工作中參與的專案跟學到的技能才是關鍵。

7. 我們可以透過閱讀建立自己的知識體系與精進專業能力。看看書吧！

8. 全職工作將會越來越少，未來的工作模式趨向個體戶發展，這也是何以要建立個人品牌的原因。

9. 零工經濟與斜槓青年相輔相成，但是兼職很多不代表是斜槓青年，斜槓青年更著重的是個人實踐。

10. 個人品牌經營的法則 PRADA：分別是專業成就、聲譽管理、人脈連結、傳播計劃跟危機預防。

思考討論議題

1. 你的工作職位或者所在行業，有沒有因為新趨勢而發生改變？
2. 你想透過個人品牌塑造達成怎樣的境界？
3. 你想建立的專業能力有哪些行業大咖？專業的書單會包含哪些書籍？
4. 你是斜槓青年嗎？你的斜槓生活有讓自己實踐自我價值嗎？
5. PRADA 原則是什麼？你對這五項法則有什麼初步想法？

第二章
紮實內涵才能勝出

成長型思維

　　在建立個人品牌的一開始，我們必須先有正確的觀念與思維。塑造個人品牌其實有一個明確的目標，就是希望可以超越過去的自己，達成更圓滿的成就。然而，如何看待自己與目標之間的關係，也深刻影響著我們是否能抵達目標。

　　美國史丹佛大學心理學教授卡蘿・杜維克（Carol Dweck）研究發現，人對於事物的態度，深刻影響未來發展，她稱之為「思維（Mindset）」。這之中又可以分為兩種，分別是：「固定型思維（fixed mindset）」和「成長型思維（growth mindset）」。

　　「固定型思維」的人，誤以為自己的智商、才華跟其他能力跟特質是與生俱來的。這樣的人遇到困難跟挑戰，往往

會歸咎於自己本來就不行。他們或許會說：「我是害羞的人，所以上不了台。」這種人認為自己的能耐跟極限是固定的，一切在出生那時刻就注定了，類似於宿命論者。固定型思維的人認為人生的成就與天賦有關，因此努力的原因是要證明自己有這樣的天賦與才能。

相反地，擁有「成長型思維」的人則相信，雖然我們每個人都不一樣，有人高有人矮，有人聰明有人笨，但透過不斷的努力，能力是可以加強的，出身的背景跟智商等等限制是可以翻轉跟突破的。因為這樣正向的想法，讓他們熱愛學習，並且鍛鍊出了非常好的挫折適應力跟自學能力。他們相信，雖然大家起跑點不同，但邁向終點的先後名次，仍是掌握在自己的努力程度上。

思維決定未來

杜維克研究兒童跟成人發展多年，發現不論是智能或性格，都不是根深蒂固、不能改變的。她的研究發現，人如何看待自己的可能性，與他未來發展的成果有直接的正相關性，簡單說就是「你認為自己如何，就如何了」。

如果今天一個人認為自己被限制重重，自己不夠好、很笨、家裡背景不夠硬，所以自己無法成功，這樣的人就真的

沒辦法。同樣的，即便智力測驗、社經背景一樣的孩子，若能抱持「雖然我現在不行，但只要透過學習跟努力，我就能改變」這的心態，他的未來也可能與他人不同。

所以當我們有不同的思維，我們就會進入不同的世界。有一種人認為，成功這件事情只是證明你原本就有的天賦跟才能；另一種看法則是，世界是不斷變化的，靠著後天努力跟學習，我們將成就無限可能。

對於固定性思維的人，輸掉比賽、被解雇或被拒絕，代表自己沒能證明自己的能力，甚至，這些失敗剛好證明了自己沒有才華。對他來說，失敗代表辜負，代表喪失價值跟沒有發揮潛能。甚至有些人因此認為，努力本身是沒有用的，因為如果努力導致失敗，那證明了自己無能；而如果夠有才華，甚至不需要努力。

對於成長型思維的人來說，則是不害怕挑戰，甚至越挫越勇，同時深信自己可以透過不斷努力跟練習，達到更高的境界。對於這樣思維的人，失敗本身只是過程的一部份，在過程中不斷嘗試而學習跟成長，才是最重要的目的本身。挫折跟失敗反而能讓人學習到事物的道理，反而能讓人用正向的態度積極的面對每一個挑戰，永不退縮。

杜維克做了一個實驗，觀察這兩種思維的孩子在面對事情不如意時大腦的反應。固定型思維的孩子，只有在答對問

題得到分數時開心，對於答錯問題，他們認為這是失敗，表現出沮喪氣餒，甚至沒有興趣知道正確答案是什麼。另一方面，成長型思維的孩子對於答錯問題卻展現從容，他們認為「學到了原先不知道的問題之答案」本身，比答對問題更開心，因為更加擴展他們的知識。

如何培養成長型思維

然而，大多數的東方教育往往讓孩子朝向固定思維發展。對於孩子的失誤，父母往往用究責的方式，這也造成了孩子長大後，經常用恐懼以及抗拒來面對失敗，認為挫折的發生代表自身能力的不足。如何培育孩子擁有成長型思維，也成為目前教育領域中的一大課題。

而身為成人，我們需要靠自己培養成長型思維，透過以下的幾個方法，我們可以找到形塑成長型思維的步驟。

1. **思考挫敗的價值**：固定型思維的人，會認為一件事情的成敗已成定局時，這件事情的價值就已經決定，就是勝者為王、敗者全輸。想要扭轉成為成長型思維，我們就要進一步思考，這件事情雖然失敗了，但有沒有帶來什麼價值，讓我們學習到什麼，成為更好的人呢？如果能

把目光放更遠，把事件擺在人生的格局看，肯定其價值，就有不同的結果。

2. 學會更加愛自己：成長型思維的人為什麼不害怕失敗呢？因為他們不認為失敗本身會貶損自己的價值，也就是失敗不代表自己不夠好、不行。他們知道如何「愛」自己，認同跟相信自己的價值，不會被外在的事物定義。而是透過自身不斷的努力、學習，成長為更好的人。他們不限制自己，自然也不會被外在的事物限制。

3. 永遠不滿足現狀：一個擁有成長型思維的人，永遠不會覺得自己已經登峰造極，達到完美的狀態；也就是他永遠不會認為自己已經夠好了。每當完成一個目標，又會馬上想到下一個新的方向跟目標去挑戰。不去追求安逸，就是成長型思維的人的態度。也因為這樣，讓他們能夠不斷更上層樓，達到更高的境界。

4. 相信自己會更好：信念也是讓人有所成就的根本，相信「明天會更好」是成長型思維的一個重要核心。面對困難跟挑戰，都認為只是過程的一部份，同時這些挫折都不會是過不去的「坎」或者絆腳石，反而是能讓我們成

為更好自己的墊腳石。這種積極正向的態度，即便是跌倒也能笑笑站起來說：「哎呀，原來這有個坑啊，沒事沒事，記起來了！下次不再跌倒。」

5. 擁抱學習跟成長：熱愛學習，也是成長型思維的一大特點。這裡的學習不是狹隘的學校知識學習。對成長型思維的人，人可以是學習的對象，一次失敗也可以是學習的目標，甚至看場電影，都可以透過自我對話反思自己能從中學習到的東西。想要不斷成長，就要透過學習及自我激勵來達成。

我自己就是一個成長型思維的人，出身貧困的家庭，父母離異，我是由年邁姑姑撫養長大的。從小雖然是問題學生，但是我總是抱持著《火影忍者》中鳴人的想法，就是有一天我一定能當上火影。雖然一路走來不是念最頂尖的名校，沒有特殊的獎項榮譽，也曾遇過許多困難，但我都相信這會讓我越挫越勇。

以前，每次投稿被拒或者被人看輕，我總是想著：「等著吧，有天你們會發現自己看走眼。」我有著年近30卻常常被認成高中生的娃娃臉，有時候去一些活動

場合，一開始總是被當剛畢業的小男生，常被忽視，這時候反而讓我高興。因為想著當他們知道我是誰後的驚訝感，一定很有趣。每次遇到挫折，我都心裡暗暗高興：「太好了，我以後演講就有故事可以說了。」我覺得這樣的思維是讓我能從一個負分的起跑點走到今天的一大原因。

尋找你的典範人物

建設好成長型思維的態度之後，我們接下來就是要展開學習計劃。在學習技能之前，我們可以先找到一個典範人物，作為自己人生的標竿，好好學習。這樣就能在學習的過程中，走出自己的道路。

我記得在高中時補赫哲數學。有天有同學問補教名師沈赫哲，到底怎樣可以考高分，沈赫哲打趣的說：「找到一個競爭對手，然後模仿他一舉一動。」比如你是全班第二名，你就觀察第一名每天做啥，他上課鉛筆盒怎麼擺，課本在第幾頁，做到哪一題，都跟他完全同步。去哪個圖書館念書，回家念多久書，來個完全作息抄襲。這樣的話，想要不提升

成績也很難。

　　許多成功人士，心中都有個啟蒙導師，這個心中的典範深刻影響了他的言行、舉止及管理哲學。許多品牌或企業在運作的時候也有一個山寨的對象，甚至山寨久了，竟然最後超過模仿的正品，這也是時有所聞。

　　因此，我們也該思考一下，屬於我們的典範人物是誰。這個典範人物不需要是那種《天下》、《商周》這種大財經媒體會採訪的企業大老闆或知名成功人士，他可以僅僅是你的同學，或者公司裡面比較厲害的學長姊，或者參與社群中的前輩。只要在他們的職涯中，有你打從心底佩服的事蹟，他就能成為我們的目標跟典範。透過他的軌跡，我們可以大略看到自己可以走的方向。

　　知道這些後，我們可以試著用一種方法找出你的典範人物。拿出一張 A4 紙，寫出五個你很敬佩的人，然後在後面畫上四個你覺得很重要的維度，進行分析，可能是財富、名聲、影響力、事業成就，或者其他由你自己定義的其他項目，然後寫出這些人具體的事例。接著，開始觀想 5 年後的自己：會希望自己在哪裡，做什麼，擁有怎樣的社經地位。觀想結束後，回顧你寫在紙上的這幾個人物，看看哪個人跟你的目標最符合，那他就是你的典範老師。

台灣知名餐飲集團王品集團的創辦人戴勝益曾說，他的成功是因為他知道如何「抄襲」別人的成功，來「仿冒人生」一下。「仿冒其他企業或品牌會被告，仿冒別人的人生，不會有人告你，」戴勝益在媒體受訪時這樣開玩笑的說。

　　戴勝益在大學就很崇拜奇美集團創辦人許文龍，這是因為許文龍的工作哲學讓他十分贊同。許文龍認為「工作目的不是賺錢，而是為了造就人生跟家庭幸福。」這樣的精神也被戴勝益「抄」走。他也把這種精神當成自己創業的榜樣典範，同時在管理跟經營的風格上，也盡可能的向許文龍學習。

　　許文龍喜歡藝術，創辦了奇美博物館；戴勝益喜歡閱讀，也創辦了益品書屋。從戴勝益身上，我們可以鮮明的看到許多許文龍的身影，透過塑造這樣的典範人物，認同他的理念並身體力行，戴勝益成功的仿冒許文龍，抄襲出了另一條成就的道路。

寫封信給你的人生偶像吧！

　　接著你可以試著開始研究他，如果他是知名人物，或許已經有著作或者傳記出版，買來看看吧！透過他走過的道路，找到屬於你的可能。又或者，他可能只是你職場上的前輩，那找機會跟他聊聊吧！聽他說說他的故事，更加了解他的過去。而這些過程中，不論是怎樣的人，不管是你身邊的朋友或感覺遙不可及的大咖，都試著寫封信給他看看。

　　千萬不要覺得自己這麼邊緣渺小，大人物怎麼會理我。我每隔兩、三個月，就會寫信聯繫我很敬佩的人，可能是企業高管，也可能是記者，或許是因為他們的事蹟，又或者是他的文章我很認同，我都會試著連絡他們。大部份的人都會回覆，即便被發了無聲卡，那自己也沒有損失，至少我這份崇敬之心已經傳達出去。

　　我會喜歡這樣到處寫信致意，是因為我國小的時候，我的導師許慧貞辦了讀書會，其中有個活動是寫給最喜歡的作家。想當然耳，小學生都寫給一些國內的作家，畢竟都是用中文寫，大家自己設限覺得外國人看不懂吧。

　　那時候，我們班上有個同學竟然寫給哈利波特作者 J. K. 羅琳，那時候我們都暗笑他的「迂」，人家是身價上百億的世界超級大作家，怎會理你一個名不見經傳的小島上奇怪小

學生寫的信，還用完全看不懂的中文寫。

　　想不到，這同學還真的收到 J. K. 羅琳親筆回信。同學寫好信之後，不知道該寄到哪，於是就寄給台灣的出版社，而出版社編輯收到信很驚喜，幫忙翻譯成英文寄到英國。J. K. 羅琳也很驚訝，半個地球外的 11 歲小朋友寫信給她，於是她也回了信。那次之後我就學到了，不要擔心自己是小人物人家不理你。你寫了信沒收到回應，這很正常；可是對方如果回你，就是你為自己展開新的機遇。

　　我大學的時候因為系上要演劇展，我當時是藝術總監，我們很喜歡吳念真老師的《人間條件 2》劇本，光是看 DVD 就讓我痛哭流涕。但是演人家的戲不是這麼隨便的，有版權的東西還是得問問。我就寫信給了吳念真，那年我大二。想不到吳念真還真的回信，更提供給我綠光劇團的聯絡方式，讓我去接洽，最後還很溫馨的說有機會來中興大學跟我們交流交流。

　　當時，我們甚至找到時任文建會主委的盛治仁老師，他會見我們幾個大學生，熱心的鼓勵及支持那次活動，還拍了一個短影片鼓勵同學。那次只是一個系上的小活動而已。

　　這些小故事就告訴我們，如果你有典範人物，不要怕自己渺小，勇敢的寫信給他。我自己也常常收到讀者來信，每一封我都會用心的回，如果讀者有什麼我能幫忙的，也會是

盡力去協助。畢竟我相信大家都希望自己的存在能帶來正面跟好的影響吧！

但不要完全相信權威

同時我們也必須認知到，不要全然相信所謂的權威跟成功人物。這是一個資訊爆炸的年代，現在的 AI 甚至可以做到深度造假，根據一個人過去的演講影片，分析學習後製造出完全擬真的假影片。網路上也是假新聞充斥，各種虛假訊息滿天飛送。

我們需要典範人物讓我們學習，但不能盲目崇拜，如果盲目崇拜一個個體，就可能做出低於自己智商的錯誤決策，失去懷疑的能力，導致「認知閉合」，甚至做出有害大眾的蠢事。這個時代我們要保持「耳聰目明」，因為有許多混淆視聽的「假權威」出現。這些顛倒是非的人，可能是知名網紅、政治人物，可能是學者教授。或許因為他們的名聲，讓人們疏於思考，全盤接收他們的言論，導致吸收了有害訊息。

比較輕微的就是假造自己的身份，騙取大家某方面的認同。這方面近年最有名的莫過於 2017 年初被踢爆、偽稱自己是日本人在台後代「灣生」的女作家。這位根本不是日本人，這位一生都居住在高雄的女士，當時靠著鬼扯欺騙，累積了

　　　　　　　　　　　　個人品牌

大量的追隨者，也得到政府官員、民意代表的鼓勵，透過瞎掰的感人故事，還出了書，書籍甚至得了出版界知名權威獎項。

這種事情在台灣每幾年就會上演，2018 年又有一位知名網紅被媒體踢爆，她自稱得過許多國際彩妝大獎，是台灣之光，不料卻是用虛假的獎項跟榮譽為自己鍍金，開設數萬元課程吸金，吸引許多媒體報導與節目採訪，還有出版社想為她出版自傳。最後才發現，這個人完全是唬爛的，只是一個高職學歷上過短期國外彩妝課的騙子，到處跟人蹭合照裝B，讓一堆懷抱國際彩妝師夢想的女孩心痛欲絕。

因此，雖然要擁有成長型思維的正向態度，也要尋找典範人物積極學習，卻也得提高警惕。莫忘世上騙子多，我們都可能被騙，否則就不會經常有網紅因為錯誤的舉止而出來向大眾致歉。也有很多人是小騙小欺，比如明明沒有合格證書或者經歷，卻自稱是某領域的某某「師」，或者明明不是什麼了不起的經歷，卻加油添醋講得天花亂墜。這在網路時代都非常常見。

在抱持著成長型思維努力對外學習的同時，也要細心觀察，很多人可能是唬爛的冒牌貨。即便他有響亮的個人品牌，也要細細的檢驗，並且一定要抱持著實事求是的懷疑態度，畢竟這世界沒有完人，每個人都是立體的，都有善、惡兩面，

不能完全將自己的期待跟夢想寄託在另一個他人身上，千萬不要做任何人的「無腦狂粉」。很多邪教組織跟煽動型的壞政客，就是這樣崛起而損害大眾利益的。

閱讀任何書籍也是一樣，我們不要因為作者的經歷或地位很權威就全盤接受，要保持懷疑的心態。每個說法都只是一種一家之言，沒有什麼是絕對正確的真理。保持這樣開放的心胸，才能在這個後真相時代讓自己不被欺騙。即便是我寫這本書，我相信都有許多可以改進的地方。

成為領域大咖的有效方法

我們做好了心態的建設，也就是有了成長型的思維，相信自己可以經過困難跟挑戰越來越好，就可慢慢突破先天跟外在的限制，達到更高的格局跟境界。此外，我們要找到一個屬於自己的典範人物，作為學習對象，但又不能盲從權威，必須保持懷疑及求證的態度。這些都做好後，我們就要回歸個人品牌建設的核心，就是擁有該領域專業的技術與能力。

想要擁有專業技能，我們要有的不只是「努力就會有成果」的老人家想法。其實，成功還是需要天賦的。或許有些看到這段的朋友就想吐槽我，前一篇文章不是才花幾千字講不要認為先天的天賦決定人的成就，要積極正向成長型思維

嗎？怎麼又說需要天賦了，這不是自相矛盾？

基因也能改變？

不不，我這裡說的天賦是後天的天賦，也就是，天賦是可以培養、塑造的。在這裡我們先不說天賦這種虛無飄渺的話，來講些科學的詞彙，就是「基因」。自從人類發現遺傳因子以後，許多人就認為一個人的能耐極限在基因上了，就是你能長多高、智商多少，在精子跟卵子結合那瞬間就決定了。

已有很多證據證明，後天的影響會有決定性的關鍵因素。比如南北韓都是同一民族，照理基因型態不會有巨大差異，但兩國的人均壽命、平均身高等都有巨大差異，這就是後天能影響的。不過就會有很多人說，基因決定的是「上限」，後天的培養只是讓自己努力達到這上限。（這說法很像前面說的固定型思維）

很多美國超級英雄的故事套路，都是一個主角受到外力（輻射、外星能量）之後改變基因，而獲得超能力，這聽起來只是漫畫劇情，因為基因能後天改變，聽起來像天方夜譚，但其實有很多眾所周知的案例。比如車諾比核災後，許多經過核輻射曝光的動物，在第一代就發生基因突變，導致許多

疾病。

　　舉例來說，基因就像硬體，除非因為外力影響導致突變，不然通常從出生到死不會有什麼變化。但「基因表現」在人一生的每個階段發生仍可能劇烈變化，這種基因表現的調控機制如同軟體，會根據當事人不同狀況而促進或抑制基因活性。也就是即便你帶有致病基因，也可能透過後天的影響抑制，讓這些負面基因不顯現出來。

　　有種基因表現調控機制，稱為選擇性剪接（alternative splicing）。在過去的研究成果中，發現運動訓練可改變某些基因的選擇性剪接而影響其結果，進而影響基因的表現形態。簡單的說，透過後天的努力，你可以改變基因影響你身體發展的情況。

　　國立中央大學系統生物與生物資訊研究所教授王孫崇透過研究近兩百對的雙胞胎後發現，後天的環境跟個人的習慣，都會影響基因表現，讓基因體上的化學反應改變，這樣的改變甚至會固化遺傳到下一代。王教授研究發現，脫離母體出生後的基因，如果 30 年間抽煙喝酒從不間斷，就有可能使基因甲基化而產生變化，並把這樣的基因進一步遺傳給自己的小孩，而這個已經改變

　　　　　　　　　　　　　　　　　個人品牌

的基因，與當初遺傳自母親的基因已經不同。

一萬小時的練習就成功？

美國作家葛拉威爾（Malcolm Gladwell）在 2008 年的著作《異數：超凡與平凡的界線在哪裡？》提出了一萬小時的定律。他舉例，各領域的專家都有經過「一萬小時」的淬鍊，簡單的說，花時間練就對了，投入一萬小時，人人都能成就非凡。他這說法也不是自己發明的，是根據 1993 年美國《心理學評論》上知名心理學家艾瑞克森（Anders Ericsson）的研究團隊發表的論文。

但葛拉威爾只有提到要不斷練習增進技能，卻沒有詳細說要如何練習。「一萬小時理論」經常被大眾吐槽，比如早上在國民運動中心的游泳池，可以看到許多游泳的婆婆媽媽，他們可能每天早上都來游個兩、三小時，經年累月練習時數不輸給中學的游泳隊，那為什麼這些大媽們沒有練出一身肌肉，變得像運動員一樣呢？這跟年紀可沒關係，因為你也可以在網路上看到一堆七十幾歲的肌肉大爺。

到了 2016 年，艾瑞克森或許覺得引用他研究的葛拉威爾

詮釋得不到位，自己寫了一本《刻意練習》，反而成為了超越葛拉威爾的暢銷書。艾瑞克森在書中提到一個觀念：只有傻呼呼的一直練習是不夠的，投入的時間不完全等於產出跟培養出的技能。在練習跟訓練中，必須要有正確的方法，才能突破先天限制，成就非凡。

人的身體跟大腦其實有非常強大的可塑性，透過刻意練習，能夠極強的改變身體的能力。舉個例子，猜猜人可以連續做多少伏地挺身，1 千？5 千？1980 年有個日本人做到了10,507 個。這個數字過了 13 年後被超越了，有個美國人花了21 小時連續做了 46,001 個。比如健身，只要經過適當的訓練，每個人都能練出相當的肌肉量，大腦也是，透過後天努力，都能大幅的增進。

透過有意識的練習才能進步

光是學英文這件事情，大部份的台灣人在學校學習的時數都差不多，為什麼有人考完大學後全部忘記？也有許多的人不是英語系，也從來沒有留學過，為什麼能一口母語等級的流利英文？因為大多數的人沒有進行有意識的刻意練習。

一般人對於練習都有三種誤解，第一種就是認為這講天分的，自己沒天分所以做不好。然而人的「上限」遠遠超過

自己的想像，透過適當練習，大家都能達到自己希望的目標。第二種誤解，是認為只要花時間，就能有學習效果，如果此為真，每個街邊下棋的老人棋力應該都超強。但事實是，如果一直用同樣的方法，單純重複做一件事情，那並不會讓我們進步。

最後一種誤解，是認為只要我夠努力、比別人更拚，就能進步。比如一個產品經理，想要在銷售跟行銷上創造佳績，他很努力每天加班、開會開一堆，但是用錯方法，反而讓努力付諸流水。就好像我們學生時代看到許多很努力念書、成績卻還是普普的學生。這時候很多人反而誤解是自己天分不夠，所以差人一等，真正的原因追根究柢還是方法不對。

正確有效的練習，不等於長時間、重複的練習，而是要透過正確的方法。舉個例子，同樣練習鋼琴，如果只是放牛吃草，每天自己瞎彈三小時，這樣彈個十年，程度都達不到

明確的目標
目標定義明確，要在何時進步到如何的程度。目標要能拆解成具體任務。

有效的反饋
要能了解練習過程是否符合規範，需要老師或者外部力量提供反饋。

有效練習

保持專注度
練習過程要達到心流，也就是集中又放鬆，感覺不到意識的零的領域。

跨越舒適區
要超越自己能輕鬆應付的舒適區，才有可能如舉重練出肌肉般破壞性成長。

標準。但假設我們在訓練時就設定一個目標，比如連續三次不犯錯，然後用正確的速度彈奏，而此人每天練習時「有意識地」要達到這目標，並在達成標準後設立新的目標，那他能不越來越進步嗎？

所以正確的訓練方法，是要精益求精，訓練必須要有意識而專注。在追求進步這件事情，許多人也是天天到健身房報到，待個兩三年，卻沒有練出六塊腹肌；也有同樣身體質量的人，半年就練就一身雕像般的肌肉。這不是因為先天的基因差異，更多的是方法不正確。

不斷突破舒適區的練習

艾瑞克森提出「心理表徵」的概念。比如說，沒有踢過球的門外漢跑去看比賽，就只能看到足球場上一堆人追著球跑來踢去。可是專業的球員能發現規律。有一個實驗是讓職業球員看比賽，畫面停在某個球員接到球時，然後問實驗對象：這球員下一步的動作是什麼？越優秀的球員，對下一步的預測越準確。這也就是說，專業跟普通，天才跟平庸的差異，在於看問題的心理表徵不同。

在運動訓練上，為什麼選手可以不斷進步？因為他們不會維持在輕鬆的情況下練習，他們的練習會不斷超越舒適區，

進入新的階段。簡單的說，如果你拿 5 磅啞鈴可以輕鬆舉起，卻拿這 5 磅啞鈴練個十年，你的肌肉或許會結實，但絕不會變大。想要變大，必須不斷讓自己練習超過舒適區，肌肉在超越自己能耐的壓力下才會不斷增強。

從這裡我們就能知道「刻意練習」是什麼概念。要成就非凡，就必須要建立一個強大的心理表徵來思考問題。嚴格意義上來說，刻意練習有兩個標準，第一是你的領域是已經形成符合邏輯體系的專業，已經有相當的評價標準跟訓練方法；第二，是必須要有個能夠訓練跟給你回饋的優秀老師，讓他不斷安排新的、突破舒適區的訓練給你。

不過要符合這種規矩的領域，大概只有芭蕾舞、歌仔戲等。我們大多數人從事的領域都不符合，甚至許多新領域完全沒有先例。艾瑞克森告訴我們沒關係，還是可以盡可能的運用刻意練習的法則。

首先我們要有明確的高績效目標。為什麼一個加入田徑隊的孩子能夠在一年內快速提升成績，而已經慢跑十幾年的阿伯進步的幅度卻無法這麼大呢？因為田徑隊的孩子是有系統、有意識的在訓練，而且有明確目標，就是要跑進多少秒，獲得獎牌；而阿伯只是跑健康的，他或許也不在意跑多快。

其次，建立目標以後，我們要找這個領域的專家或者高手，就像上一章提到的典範人物。然後跟這些領域高手的心

理表徵做比較：他們怎麼看待這個領域？怎麼讓自己精進？第三，研究這些專家、高手之所以成功的原因。最後才是投入時間去練習。

成為大師的四個步驟

講了這麼說，可以說從外太空聊到內子宮了，一下談基因、一下談心理學，扯一扯又扯到運動訓練。這裡我們就把如何成為大師的步驟精簡如下，讓大家一目瞭然。

1. 建構知識體系：刻意練習之前，必須先有一個正確的方法跟路徑，所以我們必須先建立自己的知識體系，了解想要深入鑽研的領域情況，這個領域內有哪些大咖，他們各自的歷程是什麼，而這個領域過去又有怎樣不同的理論出現。可能的話，最好找到一個有經驗的老師協助自己成長，就算暫時找不到，也可試著透過網路資源，讓自己的學習有方向與具體步驟。

2. 制定練習計劃：接著，我們了解了體系跟理論後，就能設定卓越目標，亦即自己希望達成的境界。這個目標最好是可以量化的，比如跑步跑進幾分幾秒、營業數字如

何增長等，以便讓事後可以驗證。我們再依據這個具體的目標，安排練習計劃。這個計劃必須靈活應變，同時也要有短中長程的三個階段規劃。

3. 展開刻意練習：接下來，我們要展開刻意練習了，刻意練習的精神必須是「每一天都超越過去的自己」。假如我們慢跑，每天跑的時間跟距離都一樣，那只是維持這個階段的體能而已（不練習就是下降）；如果想要更進一步，就要在達成目標時，接著超過舒適區繼續挑戰，並且有意識的知道自己是在為了更加卓越而努力，觀想一個具體的成效跟結果。不要讓練習變成虛應故事，時間到就覺得自己功德圓滿。而是要看到效果。

4. 多方獲取建議：在練習的過程中，為了確保方向正確，要多方的向人請教，你可以將你的相關作品或者研究寄送給領域的大咖，問問他的意見。或者組成共同的團隊、讀書會、社群，為同樣目標去努力，大家在疲倦的時候可以互相打氣，遇到困難的時候可以相互協助等等。總之，在刻意練習過程中，一定要適時接收外界意見，加以調整修正，不要埋頭苦練，不看身旁世界。

我如何成為一個作家

對我來說，寫作一開始只是個興趣，「作家」這個詞可說是業餘興趣的開花結果。但也經過了一段努力，而不是誤打誤撞而來的。

我從小對文史相關的領域一直很有興趣，國文跟歷史是我高中時候最好的科目，寫作也是我從小的一個興趣。高中開始，我投稿過一些學生刊物，甚至文學獎，不過都石沉大海。這樣看來，似乎沒有這方面的天份，因為我寫的文章都比較像議論文，用詞直白簡單，沒有突出的文學性。

高一導師是國文老師，喜歡寫作的我每周都會寫一篇文章給老師看，老師也很樂意幫我批改，這算是我的寫作啟蒙。大學的時候首度開始以寫作賺錢：幫學弟妹寫作業。當時一份三千字的歷史報告，我大概一小時能產出一份，而且分數還不低，最高紀錄同一堂課幫五個學弟妹寫期中報告，更幫過研究所的朋友捉刀論文的部份章節段落。雖然這種代筆是個非法的舞弊行為（今天我深深懊悔），但也是為了生活賺取一些微薄的零花錢。

不過這些小打小鬧，說實話離作家還是差很遠，相較於很多高中大學就橫掃文學獎的文壇新秀，我喜歡談談小故事、說說生活冷知識或國際局勢的文章，顯得很無聊平庸。畢竟

誰要看一個只有中字輩大學文科的人大談什麼歷史分析跟國際政治。然而，我仍有一個寫作的夢想。

大學畢業後，我開始在臉書上寫一些長文，這些長文可能幾千字，想當然耳，當時我的同溫層對這種長文沒有興趣。通常我發個跑馬拉松、爬爬山的照片，再配上十幾個字的瞎文，能得到百餘讚，十幾個朋友留言回覆。但我開始寫長文時，竟然只有個位數的按讚，或者沒有人理，因為我寫的長文都談論歷史、國際政治或社會議題，內容比較嚴肅。

我從 2013 年開始寫，這些文章一開始都沒有人搭理，我也試著投稿去一些傳統媒體，只要網路上能找到的投稿 mail 我都寫東西過去。也可能是平面媒體的網路平台不喜歡我這種動輒 3000 字的長文，加上主題較為冷門，我又只是個普通國立大學歷史系剛畢業的學生，沒有什麼背景，可以說所有的投稿都是無聲卡回來。

我也沒有放棄，寫作對我來說就是調劑身心的舒壓活動，透過寫作梳理我學到的知識，過程中也很開心。我持續地寫，每個月固定寫兩、三篇，後來每周寫兩、三篇，也不管有沒有人理我，同時開始閱讀很多如何寫作的書籍。有次我又投了一篇稿，內容是我親眼見到的一件族群歧視事件：一個藥妝店員因為外貌，而對客人不客氣的過程。

那次的情況，讓我很驚訝：該篇文章也是照以往投稿出

去，投稿的那個平台也是無聲卡，這也是我預料之中，於是就自己放在臉書。沒想到，那篇文章突然瘋傳，冒出幾萬點讚跟幾千分享，甚至《蘋果日報》都轉載報導。後來我原本投稿的那個平台又自己寫信給我，希望可以刊登那篇文章，並且邀請我擔任專欄作家。從此，我開始有了一個平台。

這之後我又有了信心繼續投稿，陸續獲得其他平台的專欄邀約。我接著努力耕耘這些得來不易的專欄，以每周產出一篇的量寫作，寫的內容也是非常多元，從我的旅遊、歷史故事、國際分析、職涯分享等，甚至連看日劇、打電動的心得也寫。可能因為寫的也滿有趣的，慢慢的在台灣網路上有點名聲，獲得許多演講及分享機會。

有次，我的一篇談論台商與日商在海外投資比較的文章，突然又瘋傳，有數十萬的點閱，出版我第一本書的出版社就開始跟我接觸，使我從專欄作家進化到有實體書的作家。過程中也有其他出版社找我掛名推薦書籍，接觸的過程中又獲得更多出版相關機會。

你也可以成為你想成為的人

這一切看起來好像都是機緣巧合，或者運氣。但其實，這都是刻意練習的成果。我在大學就有當作家的起心動念，

並且思考我要怎樣讓自己成為作家。我觀察到，網路時代許多素人作家都是從網路崛起的，最典型的就是九把刀。因此我開始把我的文章不斷的放到網路上，同時更積極思考：要怎樣讓人看到呢？

想到擔任專欄作家應該不錯，所以開始努力投稿。投稿被退，就研究為什麼被退。我還透過閱讀大量書籍建構我的知識體系，不斷的突破自己過去的境界。而過程中，會給自己一個計劃，每個月至少要寫幾篇文章。

再來把我許多文章再給相關領域的專家看看。談歷史的就給歷史系老師過目，談各國文化的，就給住在當地的台灣人看看。然後不斷設定目標，讓自己的知識跟寫作能力精進。

現在你看到的這本書，是我的第四本書，我的第一本書在 2017 年 11 月出版，而我是在 2016 年 6 月開設第一個專欄，目前我在《關鍵評論網》、天下雜誌《換日線》、《商業周刊》、《故事：寫給所有人的歷史》、《經濟日報》、《風傳媒》等等網路平台都有專欄區塊，寫了數百篇網路文章，總字數超過百萬，累計的總流量破千萬。也因為這樣，這幾年超過百所學校機構跟企業邀請我演講授課，談論的主題從國際政經局勢分析、海外派駐職涯、青年發展、社團經營、簡報技巧、斜槓青年到個人品牌等等。也接受許多媒體如遠見雜誌、New98 財經起床號等等各類媒體採訪。

講這些也不是要吹噓我多厲害，許多大咖比我強的多。重點是，透過刻意練習，我們都可以從一個沒有特殊家世背景的平凡人，成為深入一個領域的大咖，習得專業的技能與知識，並且透過這些硬底子的專業知識，進一步以個人品牌塑造的包裝，用利他精神創造更多價值。

建構個人 IP

IP 是智慧財產權（Intellectual Property）的縮寫，在中文維基百科的定義是：「人類智慧創造出來的無形的財產，主要涉及版權、專利、商標等領域。」然而這個詞彙在中國大陸與網路結合，產生了新的意思，就是對網路上的「原創性內容」的占有權及其產生的周邊效益。

中國大陸的 IP 現象，最早是指一些網路原創小說比如《鬼吹燈》、《盜墓筆記》等，先在線上引發關注，匯聚大量粉絲後開始改編成電視劇、電影、桌遊等系列周邊，產生龐大的經濟效益。在台灣，或許可以說網路發跡的作家九把刀，他將小說改拍成電影等周邊，就是一種 IP。

什麼是個人 IP ？

進一步說，所謂的個人 IP 就是個人對某種成果的占有權。在網路時代，依照百度，它可以是一個符號、一種價值觀、一個共同特徵的群體，也可以是一部自帶流量的故事。另外，個人 IP 就是指以個人為中心出發的 IP 概念。

　　在對岸的出版論述中，個人品牌跟個人 IP 互為體用，兩者緊密掛鉤，但個人 IP 的範疇又比個人品牌更為大。個人品牌是人家如何知道跟認識你，而個人 IP 則是進一步涉及一些內部的價值，例如「你是誰？」「你有什麼特殊價值？」「你的個人經歷有怎樣的故事性？」

　　例如，在中國大陸網紅跟 IP 是兩個分開的概念。網紅代表的僅僅是在網路這個平台上很多人認識，或許擁有大量粉絲而產生流量經濟，透過各種議題抓住大眾的眼球。但是 IP 卻是具有持續影響力的魅力體，對大眾的心智造成影響。

　　所以網紅只觸及受眾的眼睛，IP 卻是進到心裡。網路上有許多搞笑網紅，大家看過以後笑笑，可能隔天就忘了；又或者帥哥美女型的 IG 網紅，每天 PO 一些風花雪月或者身材照，點讚人數上萬，但對他們的喜愛僅止於外貌。相形之下，另一個中國知名 IP《羅輯思維》創辦人羅振宇也相當火紅，但是大家看他的影片，並不是單純為了看他的臉，而是為了追求知識，拜倒於他的個人魅力。聽完他的音頻後，還會把他的知識理論內化到自己心中，甚至願意付費收看，買票進

場聽他演講，這樣就是一個厲害的個人 IP。

好的個人 IP 才有好的個人品牌

那到底怎樣才能塑造出好的個人 IP 呢？中國知名的網路行銷專家，武漢工程大學副教授秋葉，對於個人 IP 塑造給出四個具體方向來衡量：

1. 內容值：只要追蹤人數夠多就可以說自己是網紅，可是要打造個人 IP 一定要有「內涵」。這個內涵是可以賦能他人的知識、技術，還有屬於自身的「故事」，也就是回到前面說的，自己必須先成為一個領域的專家，才能把正確的知識、技術傳播給其他人。打造個人 IP，不是追求多少人點讚、認同自己而已，而是自己可以為多少人帶來正面影響與改變。

2. 人格化：一個好的 IP，必須要有鮮明的人格跟「故事性」。這可以從個人風格、標籤、傳播平台來塑造。簡單的說就是要有特色，走出自己的路，讓自己有辨識度。如果一味模仿其他大咖，就像很多模仿歌手，即便把林俊傑、蕭敬騰的歌唱的真假難辨，但世界上早已經有一個真的

林俊傑、蕭敬騰，市場不需要複製品。我們也不可能複製他們的生命歷程跟個人故事。

3. 影響力：很多人在經營個人品牌時，往往會用直觀的量化數字去評量成效，亦即直接看粉絲、點閱率來判斷。但那是評判網紅的方式，一個成功的個人 IP，更著重的是「質」而不是「量」。比起有十萬粉絲點讚追隨的網紅，一個能讓讀者掏腰包賣出一萬本書的作家，更有社會影響力。簡單的說，與其要 100 萬的殭屍粉，不如 10 個行業頂尖專家的認同。

4. 次文化：而好的 IP，甚至會形成特殊的次文化。很多偶像、政治人物都會形成一個粉絲生態，這些某某粉，會有一個內部的語言與認同。

把專業轉換成 IP

講到這裡，若還有人搞不清楚 IP 是什麼，我們可以用以下問答句來理解。「這世界上產生最多收益的遊戲 IP 是什麼呢？」「是寶可夢 (Pokemon)！」這樣有沒有稍微理解呢？

在台灣，英語網路教學最知名的 IP，可以說是「阿滴英

文」了。阿滴英文經營到現在，許多的粉絲不只是想學英文才看阿滴的影片、購買他的書籍跟雜誌，而是出於一個類似對偶像的崇拜心理。這就是個人 IP 經營的成功。阿滴代表的不只是英語教學，而是一個年輕人的性格跟精神寄託。他能產生的效益不只是英語教學，而是 IP 化的個人品牌形象。

那我們要怎樣建構個人 IP 呢？最重要的是要能輸出訊息價值，同時要傳遞出一個高識別度的形象。阿滴的形象在於他年輕溫和的風範，給許多學生親近感，同時跟滴妹的互動也塑造出「妹控」的性格。這讓他的專業「英語教學」轉化成一個活生生的 IP。這就是我們在上面提過的人格化效應。

說好故事就能有好 IP

台灣說故事大師許榮哲老師在他的暢銷著作《故事課：3 分鐘說 18 萬個故事，打造影響力》一書提到兩個公式能在一分鐘內說好故事，分別是「努力人」跟「意外人」，這兩者的公式分別是：

努力人	意外人
目標→阻礙→努力→結果	目標→意外→轉彎→結局

他提到，努力人跟意外人在敘事結構上的區別在於「垂直」跟「水平」的思考。努力人就是深挖，目標設定後努力達到；意外人則是讓自己的目標轉移到新的地方。我把自己的故事套入這兩個公式給大家看看：

	努力人		意外人
目標	何則文從小就喜歡寫作，希望有天可以成為一個作家。	目標	何則文家境貧困，為了穩定賺錢養家想成為公務人員。
阻礙	他投稿了許多媒體平台，一開始卻被不斷打槍，收到無數的無聲卡。	意外	他找到了一個公家機關的約聘職，邊準備高考，卻發現公務員生活不是他想要的人生。
努力	但他仍不放棄，規定自己每天要寫兩千字文章，不斷產出，期待有天被看見。	轉彎	他偶然在臉書上看到在海外工作的學姊，有報考經濟部國企班，他也考上去讀。
結果	最後開始成為專欄作家，收到許多出版邀約，出的每本書都多次再刷了。	結局	讀完以後真的派駐海外，收入還是公務人員的好幾倍！發大財了！

這兩種模式還可以融合成為靶心人公式，來說更長更完整的故事：

目標→阻礙→努力→結果→意外→轉彎→結局

本書並不是教你怎麼講故事的一本書。這裡的重點是，有故事才能建立鮮明的個人 IP，任何小說、戲劇、電玩，都是用不同的媒介來「說故事」而已。故事能使一個人的形象立體化。個人品牌也是，你要先有故事，才有被討論性。

　　同時我們也會發現，一個精彩的故事一定會有一個轉折，那個轉折就會是高潮點。我們來看看兩個百萬網紅的故事，館長跟鍾明軒，他們都有大批的粉絲支持。當然鮮明的個人風格跟時事評論是他們的共通點，但他們之所以能匯聚大量追隨者支持，更重要的是他們的故事。

　　館長一開始是靠著專業的健身影片在網路露面，但讓他真正爆紅的關鍵，還是在於他的故事。他出身單親家庭，從小備受欺凌，後來進入海軍陸戰隊當職業軍人，也因為軍中不公平待遇而自請退伍，又曾混過黑道，人生起起伏伏直到40 歲開健身房才穩定。這樣的故事就很符合「努力人」的架構。

　　至於鍾明軒，小時候就熱愛表演，一直希望出道當歌手，國中時候以一首破音的《煎熬》在網路引起關注，卻也被網友嘲笑霸凌。他家人反對他的明星夢，而他母親不幸輕生。他沒有循著藝人模式出道，反而是經營自己的頻道成為網紅，出書更大賣，意外成為暢銷作家。鍾明軒的故事是突如其來的意外，雖然沒有成為原本想當的歌手，但也成功塑造個人

IP，這就類似「意外人」的故事情節。

沒有矛盾就沒有故事性

假設從努力人跟意外人的架構來思考，你是哪種人呢？又或者，你的故事是兩者兼而有之？我們也會發現，故事之所以精彩，是因為中間的曲折離奇，以及最後的峰迴路轉。所以我們可以思考：在我們的人生裡，有怎樣的不可思議在其中？你過去的挫敗跟黑歷史，或許都能成為你塑造個人 IP 很好的敘事養分唷。

試著把自己的故事說出來，搭配出你能賦能大眾的專業技能，這就能成為你個人 IP 的亮點。如果審視自己人生，發現萬事一帆風順，那也別擔心，你可以試著脫離舒適圈，自找苦吃一下，自己去碰撞出意外跟阻礙，這些都將讓你成為更好、更立體、更圓滿的人。

那些不現身的個人 IP

在網路的個人品牌經營中，有些情況下不會使用本名，比如知名的理財部落客艾爾文、崴爺跟蕾咪，他們都是使用藝名行走網路。不過他們仍是以本人真面貌示人，也就是在

街上遇到你還是能認出他們。

　　可是，有許多網路上的個人品牌則是神祕到完全沒有真人照片或者姓名。比如怪奇事物所、厭世哲學家、偽菜鳥公務員等。這樣塑造出來的網路形象，雖然讓人摸不著邊際，有時更給人一種神祕感，但也不乏許多成功典範。這種模式能夠有效建立防火牆，區隔「網路身份」與「實際身份」，即便網路的身份出了事情，也不會影響本人太多，因為大多數匿名的網路個人品牌只有身邊的人知道他是誰。

　　在這裡就說說其中一個從線上虛擬形象轉型成全方位服務的典範「出版魯蛇」。出版魯蛇是在出版圈一個有名的粉絲頁，全稱是「出版魯蛇碎碎念」。魯蛇當過許多家出版社的行銷，原本這個粉絲頁只是好玩，以幽默風趣口吻分享一些出版業的酸甜苦辣。想不到卻引發許多相關從業工作者以及對出版業好奇的朋友共鳴，不斷累積粉絲跟聲量。

　　就這樣不斷發展之下，出版魯蛇成為追蹤人數萬餘人的粉絲團，也開始與許多出版社合作書籍推廣，組織線下活動，比如出版人小聚、與作家面對面活動等，成為出版圈的樞紐型個人品牌，從事版權經紀等具有附加價值的事情。同時，出版魯蛇本身也變成一個品牌，由於其匿名性，還可以號召同好加入成為團隊，達到永續經營的概念。

　　從出版魯蛇我們可以看到，有時候經營網路上的個人品

牌，不一定要用真名真姓，甚至不需要露面，同樣可以成為領域權威。在網路平台上也的確有許多專業的匿名網路形象，也創造出許多價值。這不失為經營個人品牌的另一個方向。

讓你的名字成為名片

賽門‧西奈克（Simon O. Sinek）是美國的知名作家跟演說家，他在 TED 的演講「偉大的領袖如何激勵行動」有千萬的點閱率。而在他的談論領導的著作《最後吃，才是真領導》書中提到了一個故事。

有次他在某個論壇上聽到一位美國前國防部副部長的演講，副部長說他前一年也參與同樣的論壇，當時身為副部長，搭商務艙抵達，降落後有專人接送到飯店。抵達旅館後換另一組人接待，一切都安排得服服貼貼，要咖啡的時候就有專人恭敬送上高檔磁杯裝著的上檔次咖啡。然而，同樣的活動，他才隔一年繼續參加，卻變成經濟艙往返，自己坐計程車到旅館，待遇可說是天壤之別。

他思考之下重新體會到，去年的服務根本不是因為「他自己」的關係，而是因為他有個頭銜。如果少了這個職銜，他誰也不是，連要一杯咖啡，都只是被服務人員指著角落的咖啡機，要他用保麗龍杯子去裝。

這位前副部長最後總結：「人可能會因為我們的職務或地位，給我們許多方便、好處等等。但他們給的其實不是你，而是你擔任的角色。等你脫離這個角色，他們只會把這個磁杯給那個取代你的人。我們都只是江湖的過客。」

當你沒有稱謂的時候

　　「當我們沒有了稱謂，我們是誰？」這個命題其實就是個人品牌經營中貫穿始終的核心關鍵。許多人在職場上都在追求更高的職位，因為在企業組織這樣封閉的社群中，成就只能用收入跟職位來衡量。

　　當然，成為大企業的高階主管，的確能獲得一定程度的聲譽，因為能爬到相當高度，代表了自己的能力跟性格在組織內已經獲得認可。但同時我們也可以從另一方面思考：怎樣證明一個人的領導能力夠好呢？就是當他沒有職稱後，他依然有十足的影響力。

　　我們要讓自己的名字成為自己的名片，如果只能倚靠大量的頭銜讓人定義你、認識你，那麼其實大眾認識的不是真正的你，而只是那個稱謂，他們敬畏的也不是你，還是那個稱呼而已。這也是為什麼個人品牌塑造在這個時代更加重要，因為人們已經不再只是用你的稱謂去思考你是怎樣的人，更

多的是他人怎樣評價你。

聲譽比職位更重要

在這個時代，聲譽的重要性遠遠超過職位。同樣在組織內，擁有職位不一定就擁有實權，要能夠使喚得動人，才算是有影響力。而人家聽不聽你的指揮，更重要的是他信不信任你，你的影響力有沒有大到他願意以你的意志為依歸（無論是否願意）。我們都遇過一些人位居高位，但是名聲很臭，也聽過某些企業主的聲譽很差。此等人物即便坐擁大筆財富，也可能是在網路上一有新聞就被罵翻的。這樣的個人品牌就十分負面。

那要怎樣建立自己的聲譽呢？巴菲特說過，一個成功的CEO 需要兩個必備的技能，分別是「演說」以及「寫作」。這兩者也是建立個人品牌的重要關鍵能力。而演說又進一步的衍伸出「簡報製作設計」的能力。

所以除了專業技能，「演說」跟「寫作」的能力也是個人品牌經營中最重要的關鍵技能。這兩者也都圍繞著「說故事」這個核心主題。不論你的專業領域是什麼，想展示自己的技能都得學好這兩者，才可以塑造出良好的個人品牌。把寫作跟演說也列入自己的能力加強計劃吧！用前面章節提到

的成長型思維跟刻意練習，讓自己成為一個大演說家跟故事王。

寫作跟公眾演說都是一種分享的概念：分享自己的故事，讓大家認識你，所以也是個人品牌塑造中溝通的重要一環。透過演說跟寫作，能讓我們持續的曝光，也能藉由分享自己經驗及思想體系去賦能他人。

資料庫夠多才能講話有料

無論是要練好演說跟寫作，還是建立自己的好名聲，首先都要成為一個「有料的人」，別人才會佩服你，願意成為你的忠實粉絲。所以知道的訊息比別人更多，同時樂於分享，又樂於幫助他人，就是讓自己名字成為一張亮麗名片及建立聲譽的好方法。

這過程中最重要的就是你的腦子要有東西，想要腦子有料，最好的方法還是閱讀。知道的事情越多，人家越喜歡跟你來往、交談。所以來大量閱讀吧！每周抽出一定的時間，讓自己脫離讓人難以集中注意力、不斷湧現訊息的手機小框框，找個舒適的地方，或許是你的房間，也可能是街角咖啡廳，開始閱讀紙本書。每一本書都是經過長時間的積累消化，經過作者、編輯、校閱等等人的嘔心瀝血，才能產出。

相較於網路速食的爆炸量訊息，書籍的溫度更能讓人沉澱自己。任何的成功者都有閱讀的習慣，不管是巴菲特、比爾‧蓋茲，還是其他國內外的政商名人，即便工作再忙也會抽出時間閱讀，並且捨得投資自己，購買紙本書籍。雖然網路上很多說書的音頻及影片，但是真正沉澱自己，吸收反芻內容，這樣最有助於產出值得分享的內容。

我們也要有跨界的精神，各種領域都可以涉獵，不一定要侷限於自己的專業領域。尤其在這個 AI 跟大數據等新名詞充斥的未來世代，我們要更具有人文素養，這方面也是閱讀可以帶給我們的。

寫下閱讀心得，不斷反芻內化

閱讀的時候，許多人是順著看過一遍，就束之高閣，這是很可惜的。我們不只要眼睛看過，還要進到心裡。閱讀的方式有很多種，在這裡分享我的方法。我一本書會看過三次，第一次是快速翻閱，先研究目錄，找到自己特別有興趣的部份，然後透過快速翻閱的方式在自己心中建構這本書的架構，大略抓住每個章節的要點。

第二次我會開始細看，但在第一次翻過時沒興趣的部份，就會簡單帶過（真的有很多書的部份內容是湊字數的），反

覆咀嚼那些我認為是重點的地方。在閱讀的過程中思考作者為什麼會這樣想？他想給讀者帶來什麼？我對這樣的觀點又有什麼看法？認同還是反對？有其他跟他類似或者相反的意見嗎？

第三次閱讀前，我會先拿出白紙，開始「描繪」出這本書，寫下幾個我認為從中學到的關鍵要點，然後試著用心智圖圖像化這本書，讓它立體化，同時寫下心得，並且也開始思考：我在書中讀到的事物，在什麼場合可以應用？可以跟誰分享這樣的訊息？在這個過程中我會發現，書中有些地方的印象好像模糊了，那就趕緊再拿出書來補強一下。透過這種方式，可以讓書的訊息真正進到腦子裡。這之後若是思考某個議題時想到了一本特定的書，就再拿出來翻閱、溫習。

我每年閱讀的書籍超過百本。從高中開始，大家對我的印象就是愛看書。我高中是個很愛鬧事的壞學生，不喜歡念教科書，但是總是會有一堆課外書堆在教室裡。在念 ITI 時，很多第一次到我宿舍房間的同學，看到我書櫃滿滿的書，都是說「唉唷，何則文你怎麼這麼多書啊？」甚至我常常變成小圖書館，借書給朋友。閱讀原本只是我的興趣，但是我後來發現，我能夠斜槓、出書、演講、寫作，這些養分其實都來自閱讀。

所以我認為要擁有良好的名聲，自己一定要先充實內涵，

再來是性格要能受人尊敬，而充實內涵的方式就是閱讀。相較於坊間許多的說書音頻，我更喜歡聽廣播節目訪問作者本人或編輯，或是邀請相關學者談論某一本書籍。這些廣播音檔在 Youtube 等頻道都找得到，聽完以後你可以試著找原書來讀，也進行我上面所說的三次閱讀法，讓知識內化到你心中。不要讓書只看過一次，每本書都值得多次閱讀。

用知識內涵建立知名度

我們要如何在職場或者公共場域建立自己的知名度？就是透過演說跟寫作，而這兩者都是一個傳播的媒介，最重要的還是我剛剛所說的腦子有沒有料。所以給自己一個功課試試看：每個星期逼自己看一本書，不要給自己限制，什麼領域的書都看看。然後試著把這本書的內容內化成知識，透過寫作、演說輸出，或許你當前的職業沒有太多演說的機會，那試著跟朋友、同事分享。

這樣你的內涵就能慢慢展現出來，聲譽也因此能體現在外。這是我認為建立聲譽的一個快速捷徑之一。當你的朋友、同事或上司，知道了你原來這麼有學問，相信你的機遇也會隨之增加。

個人品牌傳播的 ASAP 步驟

　　回顧前面所說的，可以歸納成 ASAP 法則。首先，要有專業成就；而在達到專業成就的過程中，你自身的經歷跟透過閱讀吸收的知識，也能內化成自己的知識體系。然後試著透過書寫，將所思所想歸納整理，同時分享給他人。有了內涵以後，就有更多機會登台，更有效地傳播自己的理論。

　　一個成功的個人品牌塑造，不會只是當個理論與知識的「追隨者」，更是一個「引領者」，創造出屬於自己與眾不同的理論。如果只是轉述前人所說，充其量只是一個整理者。像《羅輯思維》的羅胖，他雖然以說書起家，但是他在說書

個人品牌傳播的 ASAP 步驟

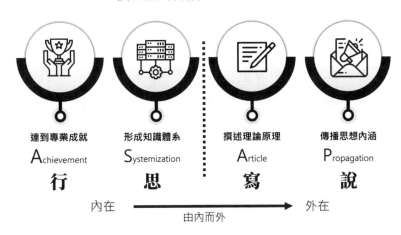

的過程中建構出了屬於他的世界觀與知識體系，而這套他個人的腦中小宇宙才是粉絲所熱愛的。這也是為什麼說書的人有千千萬萬，真正因此而出眾的人卻不多，差別就在於有沒有形成自己的體系。

我的老闆薛雅齡 Vicky 是 ASAP 的法則最好的範例。她在鴻海長年擔任次集團人資長，也獲得海內外許多人資相關獎項的肯定，這些經驗讓她形成自己的知識體系，並且將她的理論實踐，創造出了 HRIMC 的特殊部門（人資整合行銷部門，我過去就是這個部門的領導），同時透過將實戰經驗與思想理論匯整成出書，開始把這些寶貴的內涵傳播出去。她出版的人資實戰書不到一個月三刷，成為暢銷書，一戰成名，她也因此受邀到各地分享演講。即便她已經不是富智康人資長，她所建立的個人品牌已超過了她的組織跟職位，達到了名字本身就是名片的境界。這整個過程就是個人品牌塑造中的 ASAP 模型。

章節重點回顧

1. 成功的人大多抱持著成長型思維，成長型思維認為，經過努力天賦也能增強，困難跟挑戰都是讓我們成為更好的人的要素。

2. 尋找屬於你的典範人物，透過「仿冒人生」的思維方式，研究他的人生路徑，思考自己成功的可能性，甚至可以寫信向他請教。

3. 你可以有典範導師跟個人的偶像，但不要全然相信權威，完全相信任何人或理論都可能導致錯誤。

4. 基因也可以改變，沒有什麼不可能的。

5. 不是一萬小時練習就會成功，而要用對的方法才能學到技能。

6. 有意識的練習才能讓自己突破，透過不斷超越舒適圈的挑戰，給自己壓力，追求成長。透過刻意練習，任何人都有機會成為自己想成為的人。

7. 個人品牌塑造不同於成為一般網紅，是看內涵不是看外表，塑造個人 IP 是好方法。

8. 個人 IP 的根基是故事，好的故事要有高潮起伏，要有「困難」與「挑戰」作為轉折。

9. 不要追逐職稱地位，聲譽遠遠比那重要。

10. 建立良好聲譽的最簡單方式，是自己夠有內涵，閱讀可以讓自己在訊息掌握中比別人更有優勢。並且透過 ASAP 法則將知識體系化傳播出去。

思考討論議題

1. 你過去是成長型思維還是固定型思維？要怎樣才能成為成長型思維人物？

2. 你的典範人物是誰？你為什麼景仰他？

3. 你想獲取怎樣的專業技能？怎樣透過刻意練習來安排成長計劃？

4. 屬於你的故事是什麼？你怎樣透過演說跟寫作來傳遞它？

5. 你目前的聲譽情況如何？其他人怎樣評價你？你的聲譽影響力有超過職位嗎？

第三章
以新思維行銷自己

平台為王、社群為后

　　在建設個人品牌的過程中，就像講故事一樣，需要有聽眾，不然猶如站在小巷角落裡，自己對著空氣說話。古時候說書人要去茶館或者天橋下，因為他們在這些地方，找的就是一個「平台」。平台，就是一個舞台，這個舞台可以讓我們大展身手，獲得認同。

　　成功的個人品牌一定跟平台有所連結，比如想到這群人，我們會想到 Youtube；說到知名的青年暢銷作家不朽則是想到 IG；至於美國總統川普，大家會立刻聯想到 Twitter。抖音的崛起，也冒出許多新時代網紅比如黃氏兄弟。所以自媒體的經營上，平台是不能忽視的一環。

　　在找到舞台之前，如同上一章提到的，我們要先有「故

事」，這個故事就是你個人品牌的根基，不然即便上了台，也是在那尬聊。人之所以為人，就是因為每個人都有屬於自己生命歷程的故事，最吸引人的也是故事。《權力遊戲：冰與火之歌》完結篇中，小惡魔提里昂就提出一個論點：「是什麼造就英雄跟國王？不是財富跟軍隊，是一則好的故事，一個能讓世人傳頌且可歌可泣的故事。」

所以我們在擁有專業技能以及優秀的職業生涯後，要讓自己擁有更多機會，受到客戶跟大眾的重視，就需要能說好故事。在這裡，我提供一個我自己推敲許久得出來的內容經營法則，稱之為「夥伴（PARTNER）」框架：

PARTNER 法則

- 說服性（Persuasive）：個人品牌塑造本質就是一種行銷。行銷是溝通的過程，目的是要讓受眾相信你所說的為真。比如說自己產品好，這樣還不夠，必須說服別人也這樣認為。所以說服性是最重要的，有再好的故事，別人不買單也沒用。

- 真實性（Authentic）：虛有強大的說服力，內容卻是通篇鬼扯，那也是十分危險的。個人品牌中任何的虛假成

分，最終一定會被踢爆。所以故事的基礎一定要實打實的根基於真實，亦即你所說的每個故事，不管是自身還是談到他人，一定要能佐證，證明你是真的。

- 共鳴性（Relatable）：不論多棒的故事，如果不能引起聽眾的共鳴，那也沒辦法深入人心。所以要試著勾起大家的共鳴，也就是要接地氣，不要打高空。想要擁有支持自己的追蹤者們，就要讓他們能感受到你的境遇而產生共鳴跟認同。

- 即時性（Timely）：這些故事要即時，能連結到你當前情況，不能萬年不變。比如你想當旅遊作家，那就真的得一直出國去經歷新的故事。假設一個 50 多歲的大叔這 20 幾年來不斷重複他當年 20 幾歲環遊世界的故事，大家肯定不想聽，因為早就聽過了。如果我們的經歷不斷累積，個人品牌形象有時候也要跟著做調整。

- 敘事性（Narrative）：要把故事講好，敘事功力最重要。同樣的故事用不同的結構來敘事，也會給受眾完全不同的感受，在不同的平台呈現也是。敘事的風格也會影響個人品牌的形象，現在要說故事不一定要用文字，影像、

音樂、語音都可以成為一個敘事工具。研究屬於自己最好的敘事手法也很重要。

- 教育性（Educational）：個人品牌要經營的好，必須要對大眾有正面效益。網紅並不等於有好的個人品牌，吃屎哥這種靠著怪異行徑走紅的人，他的個人品牌是極度負面的，這是因為他帶來的訊息沒有一點教育意義，而是愚蠢。同樣是 YouTuber，有些惡搞型的總是上不了檯面，但是如阿滴英文、志祺七七卻能跟總統合作，就是因為有教育性。

- 回應性（Responsive）：經營個人品牌的核心目的其實是「利他賦能」，因此不能活在自己的世界自嗨。對於外在的情況，要能回應，這個外在的情況可能是一些公眾事務的議題，或者粉絲的詢問，我們要能回應這些需求，試著提出一個符合我們思想體系的解答。

找到適合的平台

知道如何講故事後，我們要找到一個好的舞台，開始我們的 Show Time。坊間有許多文章或書籍，認為經營個人品

牌重點在曝光，所以要全通路的大量曝光，能拋頭露面就盡量出出鋒頭。我個人認為這模式是可以討論的，因為每個平台有不同的特性。一個藝人當然希望電視、臉書、Youtube、IG、抖音通通都露臉一下，但是不同於有一個經紀團隊撐腰的藝人，我們作為普通人要經營個人品牌，就必須先了解每個平台特性。不要想在每個平台都露露臉，有時候反而會有反效果。我們可以看看下圖的平台光譜。

　　從這個平台光譜可以看到，以跨度來說，臉書橫跨的範圍最廣，傳播方式包括文字、圖片、影音，受眾年齡從 20 幾到 40 幾都有（雖然受眾正逐漸老化中）。這是好處也是壞處，

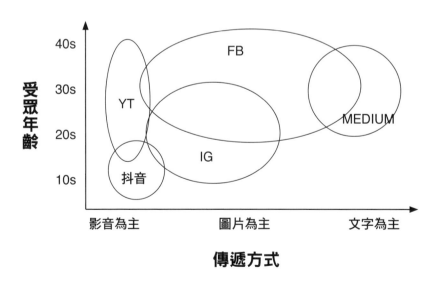

好處在於如海納百川、有容乃大；壞處在於想要快速精準找到你的受眾，會比其他平台需要更多時間經營。

　　一般來說，目前在經營個人品牌上也會是多平台面向。假設是才藝型網紅，除了臉書之外，在 Youtube、IG、抖音都會有帳號。但是如果是比較專業型的，在組織企業擔任高管的，大多只會在 MEDIUM 跟臉書有帳號。其實這很好理解，假設今天嚴長壽在抖音跳舞，應該會上新聞，因為抖音的年齡層比較偏中小學生的年輕族群，上面內容也以搞笑為多。不過平台的風格跟受重視，是會因為地域而改變的，在中國大陸，抖音上面漸漸出現了知識型的專業分享。

　　普通人在經營個人品牌，大多會選兩個平台進行，例如以 FB 為主平台，然後根據特性再選一個搭配平台。如果一次要搞 4 或 5 個平台，不要說普通人，就連全職網紅都很難應付得來。

自建網站？

　　也有很多朋友會詢問要不要自建網站，我覺得這也要取決於你的個人品牌是什麼形式。我們可以參看下表的分類，其實不同職業別的個人品牌塑造，需要著重的東西也不一樣。如果是技能型個人品牌塑造，為了讓自己有作品集展示，架

類型	才藝型	知識型	專業型	技能型	資源型
模式	搞笑網紅、圖文畫家	專欄作家、科普達人	企業高管、行業泰斗	平面設計、外包接案	金融、房仲經紀人
著重點	追蹤人數提升		形象塑造	客戶青睞委託	

設個人網站是有幫助的。但如果是其他類型，就要思考一下效益，以及自己能投入的資源與精力等等。像我們會看到，許多知名網紅根本不需要個人網頁，因為已經有夠多平台有他的訊息。

　　我曾經架過網站，那是我在念 ITI 的時候，學校行政組長 Melody 給我的建議。但後來我也沒怎麼經營這網站，一來因為怕麻煩，要自己搞 SEO（搜尋引擎優化）、每次上文章等等，簡直要我的命。而且打我的名字反而都是其他媒體專欄在前面，這個個人網站排到很後面去。另外，很多現成的平台也有十分好的效果。

　　但我會建議，無論你是哪個職業別，都應建立一個個人履歷表（CV）頁面，現在網路上有很多模板與教學可以借鑑，能讓人快速知道你的職涯歷程，一定程度上能優化你的數位形象。

連結領域同行

　　一般談論個人品牌，多著重於線上的形象塑造跟行銷，但其實個人品牌不只有線上的範疇。除了以創意在平台上展現自己，找到屬於自己的社群加入，參與線下活動，近距離與同行接觸交流，也是建立名聲的方法。

　　相較於線上這種開放式場域建立的弱連結，線下的社群比較偏向封閉式的強連結，塑造出來的個人品牌更容易深入人心。

　　有趣的是，如何進入線下活動，也還是要從線上開始，要先找到屬於你職業領域的線上社團。其實在臉書、領英都能找到各式各樣的社團，不管你是電玩大師、心理諮商師、特教老師、律師等等，都能找到相關的線上社群。這些社群有些就是管理員放生狀態的自由發展模式，也有些有精心籌備的許多實體活動跟聚會。

　　進入社群後，試著先了解自己同樣行業中比較有名聲的幾個大咖，可以大方的私訊他們介紹你自己，說明來意，試著建立連結，邀請他們私底下喝個咖啡聚聚聊聊。如果你不是那種會跟人單獨喝咖啡的人，也可以試著去參加講座、活動認識這些大咖。

　　如同經營平台一樣，社群也要選擇適合自己的。在專業

社群的參與上也要專攻主力，貪多嚼不爛，不要想多參加幾個就能認識更多人，其實只要參加一個到兩個符合自己領域的，深入經營就好。畢竟時間有限，很難面面俱到。與其在六、七個社群中蜻蜓點水，不如在一個社群中成為一個大家都認識的領航人物。

另一個很重要的要點是，要學會「介紹自己」。我自己收到讀者來信都會認真回覆，許多知名的公眾人物對於收到信函也會很樂意幫助的，但一定要讓人感到親切有禮。我曾收過許多莫名其妙的信件，比如開頭直接沒頭沒尾說：「請問如何找到適合自己工作？」最後連姓名都沒有寫，這種mail 我雖然還是會耐心回信詢問他的詳細情況，但是印象分數就差了，不會想跟這種人深交。在網路上與人互動，請記住以下幾個要點。

1. 表明來意：說明自己在哪裡知道對方？是雜誌還是報導？或者聽聞朋友介紹？從何得知此人會是重要的訊息，因為這可以讓對方知道你如何得到訊息，才能進一步判斷情況。

2. 介紹自己：介紹自己的背景，你在哪工作，過去就讀什麼專業，目前的情況以及為什麼希望與對方建立連結。

如果有共同的好友，也可以介紹自己與這位共同友人的關係。

3. **真心讚賞**：正能量出去總是能獲得同樣正向的反饋，試著表達你心中的景仰以及喜歡對方的點。真心的讚賞，會帶來意想不到的結果。但絕對不能為了讚賞而胡亂稱讚，其實大家都能感受是出自真心還是表面恭維。

只要符合上述三點，相信九成都能獲得回信，盡量不要直接送出交友邀請，那很容易被略過，加上你的問候跟自我介紹吧。當然，即便做到這幾點，這過程中可能也會有些發出去的訊息石沉大海，因為像臉書有些會把陌生訊息過濾掉，也可能是對方根本沒看到。

有時候也可以透過共同的友人介紹認識，而這個共同的友人最好是要你親自見過、有交情的，如果只是單純臉友，說不定他也跟對方不熟，也是怪尷尬的。另外，有些人就是真的不把你當回事，那也不用在意，改天你功成名就讓他知道錯看你。

線下社群的重要

　　人與人的交流還是要面對面的接觸更能產生連結，線下社群的好處在於資源的共享性更為強大，相較一個信件上或者社群檔案上的人名，人們願意花更多精力幫助見面過的人，因為實際接觸過更讓人有安全感。

　　再加上同領域社群中，大多為半封閉的性質，比如說在一場專屬行銷人的線下讀書會當中，你很難碰到一個工作性質完全無關的人。這樣的半封閉社群裡，名聲會有加乘效應，因為封閉性與內部交流性會使得名聲不斷重複回傳，產生回音室效應。也就是好名聲會不斷的回傳而更加固化，但同時，若在社群做了什麼不大好的事情，那也會被人廣而告之的。

　　回到我們剛剛說的線上社群，只要透過「關鍵字＋社群」都能找到相關社團。目前不少社群都發展出很穩定的線下活動，但也有很多社團還停留在線上嘴砲的階段。這時候該怎麼辦呢？正所謂我不入地獄誰入地獄，勇敢的號召大家，辦個屬於你的線下活動吧！或許一開始只有兩三個人聚餐，但千里之行，始於足下。這樣，你同時也成為一個線下社群的創辦人了。

　　在這裡，我把一些台灣組織比較好的、線下線上整合相對完善的社群，整理如下表。

社群	社群介紹	適合參與者
台灣人工智能小聚	由台灣人工智會學校創辦的社群，定期舉辦線下 meetup 交流活動。	AI 工程師
台灣資料科學社群	專注於大數據相關的社群，每月舉辦版聚。提供最新的相關技術跟實戰資訊。	數據工程師
XChange	XChange 是網路產業工作者社群，舉辦各類講座、分享交流活動，並拓展到海外聚點。	互聯網從業人員
人資小周末	人資小周末是台灣最大的 HR 相關社群，每月有豐富大量的人資相關課程與活動。	人資主管 /專員
社群丼	社群丼是由一群社群行銷從業人員、愛好者所聚集而成的社團，裡面有非常多社群新知、行銷個案分享、社群數據分析等討論。	社群行銷
CMX Taiwan	台灣第一個為社群經理 Community Manager 而創的「學習型社群」，每月透過大小聚以及讀書會交流學習。	社群經理
工作生活家	工作生活家每月會找一位 Mentor 領導線上 Program，不受時空限制，可以遠端參與，也有許多線下聚會。	新世代工作者
Design+設計者小聚	新型態的設計社群，讓台灣所有投身設計領域與關心設計商業發展的人，都可以在這個聚會中，對 design 有更多的理解。	設計者
RAR 設計小聚	設計學習型態社群，每月舉辦適合設計人交流的聚會，除了談技術專業，也聊做設計的初衷與展望，帶領大家打從心裏釋出「rAr！」的悸動嘶吼。	設計者
Meet 創業小聚	創業小聚是由《數位時代》自 2011 年起開始推動的創新與創業社群平台，提供創業家們媒體分享與交流連結機會。	創業者

創創小聚	教育部青年發展署(以下稱青年署)推出「創創點火器－大專青年創新創業平臺」,建構串聯校園、社群、社會、產業及國際的創業氛圍與訊息之機制,培育臺灣青年創業知能,協助臺灣青年初創準備。	青年創業者
品牌電商小聚	SHOPLINE 透過舉辦品牌電商小聚,希望品牌電商之間可以藉由彼此的成功經驗、行銷心得與營運流程的交流,優化品牌的營運、結交人脈。	品牌電商
出版魯蛇-出版人小聚	「出版人小聚」是出版魯蛇團隊期望透過每個月固定舉行的活動,邀集舉凡在「出版」這個產業結構鏈底下工作的朋友,願意與我們分享工作的甘苦談。	出版編輯、行銷
簡報小聚	簡報小聚是一個以簡報溝通為主題的交流聚會,每次聚會由「主題分享」與「自由交流」兩個環節組成。	想精進簡報技巧的人
故事 StoryStudio	「故事StoryStudio」於2014年成立,致力於知識傳播、公眾教育與文化體驗,結合創意與數位技術,讓歷史與文化走進每個人的生活,和讀者一起「從生活發現歷史、從臺灣看見世界,從過去想像未來」。	愛好文史者
先行智庫	先行智庫所經營的「為你而讀」知識社群是台灣規模最大的閱讀推廣實體社群,在2015年10月以社會企業型態正式成立,邀請各行業人士介紹自己感動的一本書,一年介紹超過一百本書,線下參加過人數超過13,000人,帶動了閱讀社群的風氣。合作對象遍及政府、出版業、企業以及大學等不同領域的合作。	喜愛閱讀者
高中生的循環經濟	一群對循環經濟抱有熱忱的高中生,想藉文字的力量告訴大家,循環經濟,就在你我身旁,願我們的聲音,能被大家聽到。	高中生

TED 如何建立空、陸軍

在台灣的政治術語中,把線上的網路宣傳跟粉絲凝聚稱為空戰,而地面實體的動員造勢以及椿腳布局稱為陸戰。這樣空戰、陸戰的思維其實也能適用於各種運動的動員上。如果沒有陸軍,常常變成萬人點讚,一人響應的空氣號召,而沒有空軍,理念又往往沒辦法有效擴散。

國際知名的演說社群 TED 就同時在這兩方面做得很好。TED 擅長推動受眾的參與程度,TED 會鼓勵人們觀看最吸引人的高流量 TED 影片,甚至提供一個追蹤系統,讓人們知道自己分享的影片有多少人觀看,使人覺得自己是個知識傳播者,產生與社群的連結。

同時透過 TED Prize 的開放提名,鼓勵人們參與 TED 運作,塑造出共同的 TEDsters 品牌身份認同,也鼓勵各地的 TEDster 透過翻譯字幕的方式將內容本地化,透過志工擴散內容。最後,讓這些 TEDster 從消費者變成生產者,鼓勵舉辦 TEDx 活動,複製 TED 模式,細胞分化出無數的 TED 社群。

這讓參與者從單純的在線上接受訊息,一路透過各種模式參與,可以晉升為 TEDx 超級籌畫人。把原本虛無飄渺的「空軍」點閱率這樣的弱連結,轉化為線下實體社群的強連結,將這個運動擴散到全球。

虛實結合才能走得長久

　　許多網路紅人的壽命只有 2 到 3 年，大紅以後可能因為幾次公關危機就開始被大眾棄之如敝屣，最後銷聲匿跡。最大的因素就在於，若沒有線下社群的支援，只有空軍是很難走的長遠的。讚數、點閱數都是不穩定的，必須寄生在平台跟演算法還有隨時變換的大眾喜好上，許多讚數都跟點閱數甚至可簡單的在淘寶上買到。經營個人品牌時，重點是要讓「流量變現」，千萬不要只追求讚數跟人氣。

　　所謂的流量變現，指的是實際的影響力，而非單純的現金收入。舉例來說，許多惡搞的青少年網紅都有很高的追蹤點閱，比如 FBI 帥哥，但其社會影響力可以說是零，因為大家只是想看笑話才去關注。粉絲一定要「重質不重量」，假設一位作家擁有數萬粉絲，但都是虛粉，亦即這些粉絲不會轉換為購買，那還不如擁有一個只有數千人線上社團跟實體社群的經營者，至少後者出書能確保一刷能賣完。

　　經營個人品牌也要抱持這樣的態度，不要追求數字，數字沒有意義，真正有意義的是自己的影響力。即便自己只有一百個粉絲，但如果這一百個人都是業界翹楚，那你就成功了。這也是呼應本章的「平台為王、社群為后」的章名。個人品牌不只線上重要，線下影響力也要經營。

內容創作的訣竅

　　知名作家及「爆文寫作教練」歐陽立中是我非常景仰的一位老師。我跟他認識，是有次受到丹鳳高中圖書館主任宋怡慧老師邀請去演講。歐陽老師自己在高中當國文老師，但幾乎全台灣的國文領域老師跟出版界、文壇作家都知道他的大名，簡直可以說是「當代歐陽」。

　　這不是因為他有什麼特殊的強大背景或者當過什麼高官，而是歐陽老師在自媒體上的內容創作有獨門的訣竅，進而塑造突出的個人品牌。歐陽老師許多篇臉書的貼文都可以有數千分享，數萬點讚，甚至引來不少媒體轉載報導。雖然這時代紙本越來越少，但「洛陽紙貴」還是滿能形容歐陽老師的文章風靡程度。

　　他自己也經營線下社群，開辦許多讀書會，透過寫作、演說、錄製線上課程等方式賦能其他同領域的老師。他個人的臉書就有三萬多人追蹤，堪稱個人品牌塑造的典範型人物，我自己在寫作跟說故事上的偶像就是歐陽老師跟許榮哲老師了。

　　自媒體的內容創作，可以說是在這個時代塑造個人品牌的基礎入門方法。這個路徑門檻不高，卻可能創造十分巨大的效益。我最開始也是因為幾篇臉書文章意外爆量，才受到

一些媒體平台關注，邀我當專欄作家，開啟我的寫作斜槓之旅。歐陽老師對於爆文寫作有個系統化的體系，我拜讀了老師的教學文章以後，根據自己的經驗，歸納出下面幾點：

1. 標題的吸引力

這個資訊爆炸的時代，每個人光是每天滑臉書，可能就有上百篇文章從眼前飛掠，而選擇哪一篇文章點進去，重點就在標題。很多內容農場深受婆婆媽媽喜愛，就因為它們的標題切中了人們的心理，讓人想一探究竟。標題就像一個包裝，好標題能夠造就流量加乘的效果。

我在 2019 年 6 月受邀去母校中興大學建校百年的畢業典禮致詞，後來這篇致詞稿有七、八個媒體轉載，完全一樣的內容卻有不同的流量結果。先不管不同平台本身的粉絲基礎，我們單就標題來看看其中幾個不同媒體的思路：

1. 打錯標點符號被大罵，卻影響他的一生……29 歲當畢業致詞嘉賓的他：許多小人都是貴人偽裝的
2. 出身弱勢家庭、高中 4 年才畢業……作家何則文：遇到苦難，你更應該歡呼
3. 中興大學 108 年畢業典禮 何則文：遇到苦難，應該歡呼，

做自己生命的國王，別讓世界定義你

4. 同學們，畢業後面對的人生可能是一場場苦難，但卻值
得為此歡呼

　　想必大家看到這裡大概知道，我這篇致詞的主要內涵是
「面對挫折怎樣應對」，第二到第四個標題都滿接近的，也
都符合我的致詞核心精神。但你猜猜哪個標題吸引的閱讀人
次最多？

　　答案是第一個，其實它是我個人覺得跟全文要旨距離最
遠的，我那時也最不喜歡這個下標，覺得這是「斷章取義」
的標題。我那篇將近六千字的致詞中，「下錯標點被大罵」
這個小故事只有四百多字篇幅，用意是談論嚴格的老師可能
帶來的好影響。但這個標題卻引來超過 13 萬的流量，大約是
其他標題 3 到 10 倍的點閱。

　　我後來不斷思考，為什麼第一個標題會更吸引人點進來
閱讀。原因可能是：第一，它製造了「懸念」。標題雖然沒
有直接講出演講全文的核心精神，反而讓人想一探究竟：為
什麼小人是貴人偽裝？為什麼他會被罵？這個致詞的他又是
誰？

　　相較之下其他的標題都直接點出中心題旨，給人感覺「說
教」的意念較強，故事性較弱。直接列出名字，也讓大多數

不知道我是誰的人沒興趣點進來，他們的直覺反應大概就是「這何則文誰啊？」「不認識、沒興趣」。

第二，它引發「共鳴」。我們一定都曾因小事被主管或老師責罵。標點符號被糾正，相信是大家共同的回憶。相較於其他標題不知道在說啥的挫折，這裡提到的「打錯標點被罵」，更加具象有畫面。

第三，這標題「反差」更大。它提到的「小人是貴人偽裝」，比其他標題「遇到挫折要歡呼」，更讓人想知道中間的反差是怎麼產生的。我們生命中一定會有很多討厭的小人，為什麼作者說這些是貴人呢？比起什麼遇到挫折要正能量，這更讓人想一探究竟。

所以一個好的標題要提煉出文章的亮點。它未必是全文的核心宗旨，可能只是其中一個小段落的內容；同時要揣摩讀者心態，思考他們的行為跟反應。

2. 善用短句、口語化

再者，要寫出爆文就必須「老嫗能解」，即便只受過小學教育的人也能看懂文章內容，這樣面向大眾的文章才能被更多人理解跟接受。這跟我們在考試的作文相反，比如在托福或者其他升學考試，使用難句、長句才顯得你夠「學術」、

「有料」，但自媒體寫作反而要避免較長的句子，因為人在網路上的注意力容易飄移，一定要簡單明瞭。

- 長句：上週老師因臨時需要開會沒時間就跟我改了原本 Meeting 時間到這個禮拜一下午，所以我把原本跟我好朋友的飯局給取消了。那天下午在餐廳等半天，結果最後老師又突然有事情不能來吃飯，最後讓我兩頭空自己在餐廳尷尬的不得了。
- 短句：為了配合老師時間，我把周一下午跟朋友的約挪開。結果老師當天突然有事沒來，搞得我在餐廳尷尬一下午。

這兩句的資訊量其實是差不多的，但長句又有很多不必要的冗詞跟累贅訊息，反而增加人的閱讀障礙。我們大腦在閱讀文字時，會在腦中轉換成聲音，所以如果同一件事情用更多詞句表達，反而增加理解負擔。有些人就會因此厭煩而選擇關掉文章。

所以在新媒體寫作上，我們要適應網路原生代的特性，能用一個字說完的，不要講到兩個字（除非你的稿費用字計算）；能用短句表達的事情，不要用複合從屬句。要發揮客家勤儉精神，惜字如金，少說廢話。越複雜的句子只會增加消化的時間，所以要力求簡潔。

同時，新媒體寫作也要口語化，才會好消化，即便是知識教育型的文章，也要通俗好懂，避免學術報告式的書面用語。我們比較一下下面兩個句子。

- 書面語：地球暖化為全球性與長期性問題，並涉及氣候、環境、經濟、政治、制度、社會及技術之複雜系統。臺灣由於地狹人稠，且缺乏自然資源，糧食自給能力原本就非常薄弱，以熱量計算之自給率僅有 30.6％，地球暖化將使糧食自給能力更為惡化。
- 口語體：我們都知道，全球暖化是影響世界的重要問題，從氣候、環境到社會政治等等，都難擺脫它的影響。而台灣更是因為資源少，人口多，生產的糧食只能滿足全島人口需求的三成左右，所以面對全球暖化影響，台灣在糧食生產上的挑戰更加巨大。

　　這兩句話用的字數差不多，但是在新媒體寫作上，口語體會顯得更容易吸收，因為比較有對話感。書面語體的文章容易給人看教科書、學術報告的感覺，潛意識便會產生「這知識好難」的排拒感。所以即便是傳播知識的科普文，也要盡量使用口語化的文字。

3. 段落結構清晰

　　想要在自媒體上寫出好文章，文章的結構也很重要。要有邏輯性，結構清晰，容易理解。一般來說，在段落上我們可以運用幾個常見的結構布局，使得文字安排更具有規則性。這些結構分別是「總分式」、「問答式」、「遞進式」、「對比式」，我們直接看範文來理解一下。

- 總分式：一個人要想取得成功，尤其是經濟上的成功，需要具備的重要條件之一就是要有承擔責任的能力。大多數的人不願意承擔責任，不僅如此，他們甚至還把責任推給相關的人。這樣做也許會讓他們的良心得到安慰，但卻阻止了他們的進步。承擔責任，就是要停止指責他人。

——史威加‧貝爾格曼的《猶太理財專家不藏私致富祕訣》

　　看過例文後，我們可以知道，總分式就是先論述總體，接著分說細部要點。類似於演繹法，先提出一個總則性的規則，再用以之說明其他細部事例或者支撐的論點。

- 問答式：生活中我們總是要感謝很多事情，但是我們卻

從來沒有想過：感謝自己。感謝自己的什麼呢？感謝自己的不完美，或者叫作「擁抱內心的暗夜」。在我做心理諮詢的過程中，也包括自己之前的經歷中，我發現，我們能否擁抱自己內心那些痛苦的部份、黑暗的部份，是非常重要的。為什麼呢？

——武志紅《感謝自己的不完美》

至於問答式則是以問題激起讀者的興趣，再透過自問自答，或者答案就在問題的反面的方式，帶出想要說明的論點。這種方式會有一種對話感，可以用在短文前方，勾引讀者的好奇。

• 遞進式：最早的時候，他們沒說，是基於信任，相信我們自己就能夠做好。到了後來，他不說，是因為早已放棄；她沒說，是害怕失去關係。這些關係裡的互動，其實都在為了「冰凍三尺，並非一日之寒」一次又一次地埋下伏筆。

——洪培芸《人際剝削》

而遞進式結構是按照認識事物的規律，由淺入深，層層遞進。可以延伸為是什麼、為什麼、怎麼做的結構。先論述

表象的狀態，然後闡述其導致的原因，最後進行分析或提出解方。

- 對比式：在我看來，有快樂臉的人，只有兩種：第一種，還在持續運動以保身心健康。第二種，還在學習的路上。一個身體還能自由活動的人，心情才可能舒爽。自律性的保持運動習慣，表示身體沒什麼太大毛病，他還注重著自己的體態，希望活出一種姿態。而一個還在學習的人，至少還企圖讓自己活得很有趣，感覺世界上還有很多新鮮事可以探尋，還謙卑知道自己不足，還想再過得更充實。

  ——吳淡如《人生雖已看破，仍要突破》

對比式是利用事物規律的反差，進行特性的描述。用一個互斥的兩種特性進行比較，一陰一陽、一正一負、一虛一實等加以對照。透過兩者不同的性質比較分析出事理。

除了這幾種常用的外，還有其他更多種的段落結構方式。我們在進行自媒體文章寫作時，可以先思考自己要表達的理論是什麼，然後要用怎樣的邏輯結構來呈現，這樣潛移默化中可以讓文章更具說服力，論點也更清晰。

4. 善用故事+金句

　　在自媒體的內容創作中，不能只有單純的說理跟工具型的文字。人們更喜歡「聽故事」，無論是談職場上的秘訣，還是專業能力的分享，運用故事能讓人更容易進入情境，產生印象。

　　台灣知名的職場專欄作家如黃大米、洪雪珍，都是善用「小故事大啟示」的寫作者。可能一篇文章僅僅述說一個故事，通過故事來帶出想要傳達的精神，會比直接講出結論更有說服力，因為故事本身就是一個證明。台灣荒謬大師沈玉琳，之所以能從幕後的製作人走到幕前受到廣大觀眾喜愛，就在於他說故事的功力了得。

　　除了說故事外，也有一種模式的自媒體文章，完全沒有任何故事，卻能吸引大批粉絲，那就是對話型的金句文章。其中最有名的莫過於 Peter Su 跟不朽兩位作家，透過優美的文詞，語錄體的特殊架構，讓話講到心坎裡面。

　　我們來賞析一下這兩位的金句：

　　心是一個人的翅膀，心有多大，世界就有多大。 如果不能打破心的禁錮， 即使給你整個天空， 你也找不到自由的感

覺。（Peter Su）

　　每一種愛都值得被等待，每一種喜歡都值得存在。（不朽）

　　這樣的金句體給人一種詩的韻律感，更容易打進人的內心。同時其中的音韻感又能加深人腦海中的印象，使人有感動進而想分享。

自媒體寫作仍要基於專業內涵

　　我們談了許多自媒體內容的小技巧，但最根本的還是內容本身的豐富。如果有各種花式包裝，卻沒有一個核心的內容，那不但只有「量」而無「質」，更可能使得個人品牌形象走上華而不實的方向。

　　我們不能單單把「想要寫出爆款文章、有上萬人次點閱」當成目標，許多內容農場聳動的標題與淺薄的內容，有時也能有數十萬點閱。我們必須要有自己的核心價值，知道自己在推廣、傳遞的精神與知識是什麼，才能為大眾帶來真正價值。否則就算是吸引人點了進來，卻沒有造成正面影響，沒有產生價值，那充其量只能說是一個高流量寫手而已。

　　另外，切記不要抄襲，這是對個人品牌的自我毀滅行為。

網路上雖然資訊很多可以參考，但務必要經過自己消化，形成自己思想體系，再行產出。如果要直接引用，一定要說明出處，表明這句話或者這個理論是誰先講的。我就曾經在網路上找相關資料的時候，發現一篇 Medium 上談職場的文章，竟然大辣辣直接抄襲我在《換日線》專欄的文章段落，而且是好幾句話直接原封不動的複製貼上。當時我非常驚訝，因為我注意到這個抄襲的年輕人是一個小有名氣的意見領袖。

我不認識這個優秀的年輕人，但這件事情讓我印象深刻。我也沒有直接公開批評過這件事情，畢竟他那篇文章流量也不高，大聲嚷嚷等於幫忙宣傳了。而且我換個角度想，他會抄襲我的文章代表認同我的內容，也算是一種另類稱讚。不過後來當有人跟我談起這個人時，我都會直接打開兩篇文章給他們過目對照，看到大家瞪大眼睛驚訝的表情，接著說出「想不到形象這麼好的他竟然是這種人」時，真是讓人感慨萬千。

我相信這個年輕人也不是有意為之，可能是當時年紀尚輕，不了解新媒體寫作上的一些根本禁忌，又急於有內容產出。我提到這件事的用意不在究責，只是希望他未來可以避免。（畢竟我性情溫和是不會怎樣，要是抄到別人，可能就要上版爆料了。）

從這個小故事可以知道，千萬不要覺得網海無涯，自己

寫在網路小文章複製貼上一下他人作品不會被原作者注意到
（Google 真的很神）。抄襲是寫作的大忌，被發現後對自己
人格有很大損傷，自己也會失去很多機會跟可能。

經營網路形象

2019 年 6 月，美國海關公布一個新規定：入境美國需要
提交五年內有在使用的社群帳號。就算不是你自己的發文內
容，也要負起責任。

這個意思是，假設你的朋友在 Twitter、臉書、IG 等社群
平台傳送檔案給你，這檔案裡面有違禁內容，你也可能會被
美國拒絕入境。

根據美國科技媒體 TechCrunch 報導，美國哈佛大學巴勒
斯坦新生伊斯馬爾・阿嘉威（Ismail Ajjawi）在波士頓羅根國
際機場入境時，手機、電腦遭到檢視，然後他在社群平台上
與其他朋友的互動被美國官方質疑。

最後這個 19 歲的學生竟然是因為朋友傳給他的訊息有極
端思想，慘遭美國移民官驅逐出境，哈佛夢也碎了。只因為
跟朋友嘴砲就被遣返，多冤枉啊！但這就是現實世界。

當大家用社群帳號判斷人

104 人力銀行在 2014 年發布一份報告指出，當時有 10% 的公司在聘用人才時會要求求職者提供社群帳號，其中以網路相關企業、電子科技業以及服務業的要求比例最高。這是好幾年前的數據了，到現在一定有更多公司都會想透過社群網站了解員工。

網路相關公司因為工作內容與社群網路連結度較高，所以十分重視社群能力。如果一個人的臉書每天發文都只有一、兩個人點讚，說不定會被認為社交圈有問題；至於餐旅服務業則重視員工的人格特質與 EQ，所以想透過社群帳號看看求職者日常發言以及與人應對的模式，判斷適任與否。

美國知名的自媒體經營教練丹・斯柯伯爾（Dan Schawbel）就曾在他的公開演講跟著作中談過，許多大企業主管都很在乎員工在網路上的形象跟行為。他提到 Paypal 的高級主管經常查看員工的社交媒體情況，想了解員工的興趣愛好，以及如何用社群平台推廣自己。而員工在網路上的形象，也能作為公司團隊的展示。SAP 的全球行銷總監麥克・布倫納（Michael Brenner）也說：「我不大看中那些在社群平台沒有人際交流的人，這代表他們沒有影響力。」

你的網路形象

所以，即便你不想當個領域專業大咖，不想開粉絲頁或者投稿平台，也要開始經營你的網路形象。因為一句你在臉書上的負面抱怨，可能讓某間公司否決你的面試機會，更可能讓你被很多每天沒事怕被恐怖攻擊的國家給拒絕入境。

在社群平台上即便開玩笑都不行。綜藝大老吳宗憲的兒子歌手鹿希派就是因為在自己的 IG 限時動態上寫「女友生病要是沒好起來，我就做炸彈炸台北市政府，全民賠罪」，結果引發軒然大波。其實他的發言只有他的好友能看到，也只是普通年輕人嘴砲的話。但最後卻因此進了警局上了法院。由此可知社群形象有多重要。

臉書會是大家最通用的平台，雖然臉書目前有使用者高齡化的危機，但是放眼所有社群平台，臉書還是載體最大、使用者最多的，連國中生都會有臉書帳號，即便他可能根本不怎麼使用。所以臉書的形象經營也是網路形象塑造的主要途徑。

台灣的用戶約在 2010 年左右開始使用臉書。所以你如果是個 30 歲的青年，使用臉書也大概有十年，上面可能會有你大學時期的貼文跟照片。我們要先進行一次梳理，先把所有訊息設定為「僅朋友可見」，然後開始翻閱歷年的貼文，看

看有沒有什麼不妥的，直接刪除，因為現在每個人都有數百個臉友，許多臉友也僅是沒見過面的網友而已，所以設定僅朋友可見，仍可能被不相干閒雜人等看到。

但也不能全部封死，讓外人看到你的帳戶只有一個大頭貼，什麼訊息都沒有，這樣活像一個機器人假帳號，也會引起觀察者的疑慮。一般來說，一些基礎的訊息我們可以公開，比如任職公司、畢業學校等。然後一些正向積極且無關隱私的訊息貼文可以設為地球公開，比如你去跑馬拉松、泳渡日月潭，跟朋友聚餐等，這會顯示你是個外向有正常社交的人。

放什麼訊息？

作為一個人資主管，我自己在招募人的時候也都會先看他們的社群平台歷程。其實這時代很難搜不到對方臉書，如果中文姓名找不到，試著用拼音找找，再找不到用英文名，這樣幾乎就可以有九成能網羅到。最後一成找不到的，直接用他留下的私人郵件搜尋，也通常能有解。如果這樣還不行，直接 Google 人名，連 Google 人名都沒有任何網路歷程的話，就可以合理懷疑這個人的履歷有問題。

至於寫什麼會加分，寫什麼會扣分，在此羅列於下給大家參考：

加分項目	扣分項目
1. 讀書心得：顯示好學能統整想法	1. 抱怨工作：這絕對是最大忌諱
2. 戶外活動：業餘時間的鍛鍊	2. 激進表態：敏感議題要注意
3. 社交生活：知道你是有朋友的	3. 全是轉發：感覺沒有個人想法
4. 參加講座：充實自我學習新知	4. 無人互動：就很像個邊緣人
5. 專業展現：得獎或者作品展示	5. 奇怪癖好：這千萬別設公開

其實要思考怎樣會加分，很簡單就是換位思考，假裝你不是你自己，而是一個用人主管，然後把檢視自己的頁面，看看在非好友情況下別人看到什麼。然後思考自己哪邊可以優化。

一般來說，只要不要抱怨工作，不要每天負面訊息，基本上就不會太扣分。同時還有另一點需要注意，就是政治議題。雖然台灣是十分自由民主開放的，但是過於激進強烈的政治表態（謾罵、污辱政治人物等）在臉書上設成地球公開也不見得是好事，說不定你的錄取機會，就因為這樣而受到了影響。除非你剛好是社會運動或者政治相關的從業人員，那樣的情況反而要針對議題勇敢表態。所以這種話題，還是私下跟朋友聊聊就好。

領英要怎麼建構

　　臉書比較屬於生活領域的範疇。一般科技產業、金融業、外商圈甚至美國政治圈，許多人使用領英（Linkedin）。因此想往這幾方面發展，有一個好的領英形象是很重要的。領英可以理解成商務人士的社群人脈平台，上面有大量的獵頭跟高端經理人，幾乎每個專業的招聘專員都擁有領英帳戶，同時也會運用領英尋找人才。作為社群平台，領英相較臉書又更為專業高端。

1. 形象展示：領英作為專業的人脈社交平台，形象的展示也很重要。千萬不要用白底傻呼呼、無表情的證件照或者衣著輕鬆的生活照，那樣即便你是一個總監級別的人物，仍會給人一個很 Low 的感覺。我會很推薦大家可以特別去拍個商務形象照，凸顯你的專業形象。而每個個人頁面頂部會有個主題圖片可以上傳（就跟臉書一樣），可以試著自己做一個含有自己專業關鍵字的首圖，顯示你的專業性。

2. 摘要撰寫：領英每個檔案都會有個摘要（Summary），在這裡用大概 300 至 500 個中文（100 至 200 英語單字）

簡述你的工作職位、職業上獲得的成就，還可以附上相關的圖片跟影音檔案。在領英上可以進行多語言編輯，所以可以同時輸入中文跟英文，它會根據使用者的語系自己切換。但一般來說，領英上大多仍以全英語表現為主，這時候就考驗大家的語言能力了，寫外語的時候力求用詞、文法精準，不然反而會因此扣印象分。

3. **量化成績**：在領英上，每個工作經歷跟學歷都能填寫相應的說明。這時候就要抓住機會用精煉的語句來展現自己在工作或者學習歷程中的突出優勢。同時要試著把自己的成就給量化，避免用空洞的形容詞。比如說「擁有優異的專案管理能力」，不如說「自主提案提升產品良率 3 次，使同一機型生產成本降低 3%」。這種直觀的數字更容易抓住招募人員的眼光。

4. **時常更新**：領英作為對外展示個人學經歷的平台，時時更新也非常重要，同時要確保上面的訊息準確。比如說你明明已經離職半年，在領英上沒有更新情況，招聘專員看到你的履歷有興趣，去打聽才發現貴公司已經沒有你這個人，反而會被當成沒有誠信。透過每一季度的更新，也能反思自己工作上有沒有成長跟進步。

5. 主動推薦：領英一大特點是可以讓人們互相寫推薦信，公開展示。獲得他人推薦最好的方式，是自己先主動寫推薦文字。不論是你的同事、主管或者客戶，如果在合作過程中有愉快的經驗，都不用客氣可以寫下你的推薦文。對方在驚喜之餘，除了感謝，或許也會用一篇推薦文回禮。這樣主動出擊、禮尚往來，會比自己去邀請他人撰寫推薦來得不尷尬。

6. 建立人脈：把該填的訊息都填上，相關技能都羅列出來，好好展示自己，重點就是要讓別人知道你。在領英上人們更願意加未曾見面的人進聯絡圈，因為領英本質上就是拓展人脈的。所以可以開始搜尋你的同事、老同學等等，然後進一步的拓展人脈。記得在加人之前，可以先寫一個簡單的自我介紹。主動的與獵頭接觸也是拓展聯絡圈的好方式。

7. 發布貼文：在領英上也有像臉書動態牆的展示區塊，在這裡你可以分享你商業、管理相關的文章，或者行業最新資訊，加上自己的見解評論，或者分享公司的讀書會、Workshop、員工文康活動等等。這樣除了能讓自己的觸擊率變廣，也能建立公司優良的雇主品牌形象。

8. 加入社團：領英上還有許多的社團跟線上讀書會，或者相關名校的線上校友會等等。加入線上的社群是拓展人脈的絕佳方式，如果都沒有，你也可以自己創建一個相關領域的社團，廣邀好友加入。

監控你的網路形象

除了打點好自己的社群平台帳號外，還要開始監控自己的網路形象。說不定剛好有大學同學在你還在唸書的時候，曾經在網誌寫過你的全名，講出你們的荒唐事蹟或者直接痛罵你，這都可能被搜尋到，進而影響我們的網路形象。監控的最好方式就是有事沒事 Google 一下自己名字，看看會出現什麼內容。通常會出現臉書、領英之類的社群帳戶，或者學生時代一些錄取、得獎的榜單等等。如果發現一些奇怪的東西，就要趕緊想想怎麼讓它消失。

同時，有些看太多偵探劇的鍵盤柯南型招聘專員，會使出更狠毒的「社群帳號搜索法」，就是根據你提供的個人郵箱，再去搜尋、比對、深挖，想尋找你的黑歷史。許多人從小到大，無論在哪都用同一組的帳號，管他是 mail、ptt 還是其他論壇，導致你的信箱就可能暴露你所有隱私。

我大學時曾經無聊跟同學去搜尋學校教授的帳號，才發

現他在情色論壇買過 A 片，當時讓我們笑翻天。但也警惕了我們，網路上所有足跡都會留下來，一定要好好維護形象，別做壞事，要拍性愛影片就別露臉，不然就可能變成第二個陳冠希。不要再使用過去那種數字加字母的帳號。用你的英文名字縮寫申請一個 mail，比如你叫 John，姓陳，中文拼音縮寫是 CJ，那就申請一個 john.cj.chen@xxmail.com 的信箱吧，看起來也更顯專業。

順便說一個弄巧成拙的故事。我剛開始在網路寫專欄的時候，我在《換日線》專欄寫：「如果你想認識更多何先生，千萬不要 Google 他，怕你看到黑歷史。」這其實是在搞笑，因為這樣寫，人家反而會好奇去搜尋我的名字，進而讓讀者了解我更多事情，算是一種自以為是的行銷小手段。

結果讀者真的開始搜尋我的名字，讓我名字的搜尋量大增。可是也出現一個莫名其妙的關鍵字聯想，就是打「何則文」後面會出現聯想詞「黑歷史」，當然這樣搜不到什麼負面的訊息，可這種結果讓人哭笑不得。有些後來才認識我的朋友還會問我，是不是得罪什麼人？雖然現在這個關聯詞已經沒了，但有時想想還真是聰明反被聰明誤呢！

所以我們現在也來一起做個實驗看看，看完這本書，你也找個時間在 Google 搜尋「何則文，大帥哥」看看過多久這兩個詞會變成關聯詞。

打造人脈網絡

　　牛津大學企業聲譽中心主任魯柏·楊格（Rupert Younger）在其著作《名聲賽局》中提出名聲賽局中有三個關鍵要素影響成敗，分別是：個人表現（behaviors）、人脈網絡（networks）、宣傳論述（narratives）。我認為個人表現主要取決於專業能力以及性格，而專業能力我們在第二章已經詳述，至於性格會在第四章談到。關於宣傳論述，大多數的議題跟方法論在本章節談到了。最後，也最重要的，就是人脈如何建立。這三者的關係，我覺得可以用下面的圓形圖來表示。

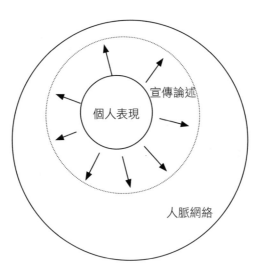

如同我們前幾章一直強調的，個人品牌的經營只是包裝，它需要的是一個強而有力、能有產值的專業能力作為核心。這就是上圖中最核心的「個人表現」。而我們在塑造個人品牌時，需要很多行銷包裝手法，就如同本章前幾節的各種方法。不過，這些行銷方法的本質是為了傳播與溝通，受眾就很重要，也就是表演需要有觀眾，如果自己有精彩的特技，卻關起門來在自己房間裡跳，那也是白搭。

　　而人脈網絡就是這個傳播與溝通的舞台，在學會如何包裝自己後，還需要找到對的人跟對的平台展現自己。在社群網站上，多半是開放式場域，人家看得到你，卻也同時接收其他大量訊息，因此也容易忘記你。想要建立穩固的名聲，還是需要真人面對面的溝通交流，建立的深刻印象。

一堆名片不等於人脈

　　許多人以為參加商務活動，交換到一堆人的名片，就是拓展人脈。這種感覺既功利又讓人不舒服。如果帶著目的去認識他人，比如想要賣產品或者有求於人，那這個所謂的人脈，也只有在你能提供好處的時候、對方願意交換服務的時候有效。所以千萬不要為了認識人而認識人，這樣只是收集到連絡方式而已。現今這個時代要找到一個人的聯絡方式，

已經不需要用老掉牙的交換名片了，直接打姓名搜尋就很有機會找到社群帳號，可以直接聯繫。

而只有在社群網站上互動，也不算真正的人脈；每天會在你貼文按讚留言，其實也不夠踏實，除非你們會在私訊中聊得很深入。想要得到真正的人脈，可以運用以下幾個方法。

第一個是從原本的朋友開始，而且要不帶目的性的。假設今天有一個八百年沒見面也不熟的老同學，約你吃飯，結果只是因為想拜託你件事情，那簡直跟直銷沒兩樣，反而給人印象分數扣分。試著跟一些很久沒見的老朋友見見面聊聊天吧，互相交換近況，你或許會發現他的工作正好跟你有相關，大家能互相幫助。

也可以跟一些網友見面，升格為真正的朋友。有沒有一些臉書朋友你感覺滿契合，平常也會線上互動，試著把他轉化成真實人脈吧。芝加哥大學的學者約翰・卡喬柏（John Cacioppo）就發現，當使用臉書聯絡線下的聚會時，會讓人大腦中的多巴胺增加分泌，產生幸福感。相反地，如果只有線上互動取代實際見面，反而給人孤獨感。

這個我特別有感覺。大學畢業後，我許多朋友在做保險業務，類似的場景我遇過很多次，比如約我在餐廳吃飯聊聊天，最後開始推銷保險產品。但這種情況會有兩個下場，一是我很阿撒力的當場簽約買了，二是拒絕。我會拒絕的，就

是這傢伙平常根本跟我沒互動，畢業後或許根本沒講過話聚過餐，一見面就是要賣東西。相反地，如果是日常就有聊天的老友，愛挺兄弟的我一定二花不說簽下去先。

我想大部份的人也是像我這樣，有感情的好辦事，有關係的沒關係。但千萬不要等到有需要的時候，才來建立感情跟關係，平常就要常關心一下對方近況，很簡單的真心問候，就可以達到友誼維繫的效果。一開始也不用特別去認識什麼名流大咖，經營好身邊的老同學老朋友，就能獲得一定的人際網絡基礎。

透過朋友認識朋友

而另一個增進人脈網絡圈的方式，就是用「自體擴散式」，這樣建立起的信任，會比兩個原本完全沒關係的人更強。舉個例子，大部份企業比起直接在網路招募員工，更喜歡透過內部推薦，因為是內部員工本來就認識的朋友，對於其經歷跟能力有一定程度的了解，風險相對於完全陌生的外部人員為低。

所以我們在認識新朋友時，如果有個老朋友作為引介，會是很棒的模式，更快建立互信。而在我們既有的朋友中，一定會有那種人面很廣的「朋友王」，不要客氣，多跟他打

聽那領域有什麼他認識的大咖，透過他來拓展人脈。這樣的訊息不只可靠，你也能對要認識的人有一定程度的預先了解。

同時，也要花時間經營這方面，一開始就是廣泛地交友，不帶任何目的，這就要投入時間跟金錢，也就是花時間跟人喝喝咖啡、談天說地，介紹自己也深入了解對方，建立友誼。所以可以給自己一個功課，比如每個月要認識兩個新朋友，進行那種 30 分鐘以上的單獨對談。這過程中也要學會快速的介紹自己，把自己的故事、能力、理念等等講出來。

不過也要同時注意到，你身邊的人也會影響他人對你的看法。如果引介你的這位中間友人名聲不佳，那可能連帶影響被介紹人對你的看法。畢竟俗話說，近朱者赤，近墨者黑。人們也通常會根據一個人的社交圈判斷他的社會地位跟人際情況，因此在委託他人介紹前，可能也要旁敲側擊一下三方的關係結構。

成為跨越不同社群的網路樞紐

「跨界」這個概念也可以應用在人脈網路建構上。許多專業性的人際連結網絡都有些許的封閉性，多半只有那個行業或相關領域的人會在其中。這時候如果你能形成跨越不同社群的樞鈕，就可以創造出很多機會。簡單的說，商業的價

值創造，就是把 A 國出產的產品賣給沒有出產的 B 國而已。當成為人脈網絡的樞紐後，光是交流訊息、互通有無，就能創造價值。

我自己的圈子就有幾個，比如我的本業是企業人資，在業界有個社群，我對於寫作有興趣，在出版業、媒體界也認識許多朋友，加上自身成長經歷，寫過一些教育議題，也跟教育圈許多老師有聯繫。而我對東南亞有些許研究心得，在東南亞研究這領域上也有許多好友。此時我就可以透過自身在這幾個圈子的重疊，創造價值。比如我就已經幫了 6 位不同領域的好朋友談成出版合作。許多朋友都開玩笑說我斜槓可以多一個「出版企劃顧問」了。

因為當你成為不同人脈圈的樞紐時，人家就會想透過你這個朋友王尋找到想要的人脈或資源。像我曾經收到許多電視通告，有的要我談青年發展，有的想要我談國際局勢。因為我當時外派大多不在台灣，加上自己不喜歡拋頭露面，所以都婉拒。但是即便婉拒，我也會幫製作單位找到他們想要的人（我已經介紹十幾位了），作為橋樑讓兩方都獲益。而當我們能為他人帶來價值時，俗話說的好「恩恩相報永不了」，未來別人有什麼好康，也會主動想到你，來跟你回報一下的。

這個概念在《名聲賽局》這本書中，被稱為「結構空隙」

（structural holes），也就是在社群大網絡中，不同的社群可能出現空白區域，要是誰能夠成為連結這不同社群的人，那他就可以說是「社交網路經紀人」。當這兩個社群想要進行接觸，他就會是關鍵核心人物。

同時，假設你在組織中，跟不同派系的成員都建立關係，也會有意想不到的好處。因為或許未來有個職位空缺，你就會成為各方人馬角逐中都能接受的妥協人選。同時在專案中也更容易把不同成員連結在一起，更早能夠升遷，接受到的訊息也相較他人更為快速。

千萬不要讓自己成為一個「人際荒島」，與世隔絕，也不要讓自己形成小圈圈建立鐵壁，只跟親近的幾個人結為黨羽，與外界斷了聯繫。這樣在政治鬥爭中等於押寶一方，如果押錯了，更有可能掃地出門。這也是狡兔三窟的道理。

主動認識不同階級、立場的人

前面的章節提到，除非你的工作跟公眾議題或者政治相關，不然我們盡量不要做一些爭議性大的議題的強烈表態。或許有些人可能會認為我這樣說不符合民主，為什麼還要擔心，不能表態。

這其實是因為，有時候對敏感議題做強烈的表態，許多

不同立場的朋友可能因為道不同不相為謀，把你解除好友也不一定，反而讓自己朋友圈越來越小，聽到的聲音越來一言堂。可是你和某人的政治立場不同，不代表不能在其他領域合作。

簡單的說，我們還是可以針對一些公眾議題在網路社群抒發想法，但千萬別整面臉書動態牆都在談某個議題，這會讓人感覺整個人十分平面化，活像一個電玩裡的 NPC，只會重複跳針。所以或許你對某某議題很關注，但不要一個月發個一百篇貼文，通通在講那件事情，那反而讓人覺得難以接近。

不要為自己蓋起高牆，許多人因為意識形態而打造出一個強烈的同溫層，不同意見的人都因此疏遠。這樣反而會讓自己的視野狹隘，也讓自己的人脈網絡趨同於與自己社會地位、政治立場相同的人，這樣就可能落到「視盲」的情況了。這種同溫層效應，也是許多極端勢力崛起的原因。透過認識包容不同立場的朋友，可以讓我們有更高層次的全局觀，也更容易看到真正的社會百態。

我自己就是這樣。台灣藍綠兩黨，甚至對岸，我都有十分要好的朋友，這不是說我這個人沒立場。而是即便不同立場，不代表不能交流，不能建立友誼橋梁。

君不見藍綠兩黨在立法院打得不可開交你死我活，但其

實許多不同政黨的立委私底下可是好朋友，私下還會一起聚餐聊天的呢。

　　所以也可以試著去認識與自己不同族群、階級、立場的人，這樣也能增進雙方的相互理解，你也能如同上面所述，成為跨界的社交網絡經理人。去參加一些你以前從來沒想過的活動吧！或許連街邊大媽大爺、阿公阿嬤都可以聊聊天，你會有意想不到的收穫的。

參加興趣社團

　　如果你是個基督徒，開始穩定上教會吧！如果你是佛教徒，那就去禪修或者寺院禮佛吧！大學是籃球隊？就算已經40歲，別放下這興趣，不妨加入公園大叔團。喜歡閱讀，就參加讀書會分享吧！不管你喜歡爬山、插花、畫畫、唱歌，其實都能找到相應的社團或者培訓班，在救國團等等單位都能找到。

　　別讓自己的周末只有無聊跟空虛，走出去跟不同的人接觸。尤其這種興趣性社團，因為愛好或者信仰的強大向心力，可以跨越很多階級的鴻溝。或許你就因為喜歡插花而認識了一個不同凡響的大人物，進而結識成好友。這過程中也能陶冶你的心性，對個人品牌的形象塑造也有加分。

最重要的是，真誠的朋友永遠不嫌少。而擴展健康、正向的人際網絡關係，是建立個人品牌與名聲的重要根基。

　　我有一個好朋友阿德，他就是在這樣的興趣社團遇到貴人。阿德大學畢業以後一直都在餐飲業工作，後來想要自己出來創業。可是沒有厚實背景的他只能靠自己，然而他的第一個天使投資人，不是特別去什麼商業性社團求來的，而是教會的長輩。因為深刻了解阿德為人，也感佩他追夢勇氣，於是給予支持。

章節重點回顧

1. 故事是品牌的根基，在建構自身品牌故事時要基於 PARTNER 要點。

2. 不同的平台有不同的性質跟對應受眾，要找到適合自己 的，開始用心經營。

3. 線下專業社群也很重要，連結領域同行，能成為名聲傳 播基礎。

4. 自媒體內容創作上，有四大原則：一、標題要吸引人； 二、善用短句、口語化；三、結構要清晰邏輯要分明；四、 多用故事與金句加深印象。

5. 經營網路形象要著重展現正向積極樣貌，並且要以真實 為依歸，同時避免抱怨與批評，對於政治議題要有敏感 度。

6. 領英的經營是現代職涯拓展上重要的利器，要多多善用。

7. 要時時監控自己的網路形象，如果出現問題要盡快處理。

8. 名聲經營有三大要素，分別是個人表現（behaviors）、 人脈網絡（networks）、宣傳論述（narratives），其中 人脈網絡相當於舞台與觀眾，若沒有觀眾，再好的表演 也沒用。

9. 不要為了經營人脈而經營人脈，有功利性的行為令人反

感；可以深度經營自己的朋友，形成自體擴散式的人脈網絡。

10. 跨界認識不同社群能讓自己成為社交網路經理人，要主動認識不同階級、立場的朋友以免陷入同溫層陷阱。興趣社團是認識不同領域好友的好方法。

思考討論議題

1. 屬於你的個人品牌故事是什麼？
2. 你覺得哪個自媒體平台最適合你？為什麼？
3. 你過去曾經用過書中提及的自媒體內容創作的一些訣竅嗎？還是你聽過其他的方法？
4. 你的網路形象是怎樣的？你的朋友認為你在網路上是怎樣的人？
5. 你目前的人脈網絡夠紮實嗎？你會想如何加強？

第四章
賦能利他創造價值

幫助他人才能創造價值

阿里巴巴創辦人馬雲在 2014 年來台灣的公開演講中，講了自己如何成功的故事。他說，在他還沒有發跡的時候，看到比爾‧蓋茲、郭台銘這些成功企業家，就很火大，覺得機會都被這些既得利益者把持，感到忿忿不平。當時他滿腦子想的是如何成功，什麼時候可以超越比爾‧蓋茲、李嘉誠？

但他一直執著於自己的成就時，卻只是原地打轉。他說，等他放下這些對追求成功的執著，開始看到身邊的許多小李、小王的需求，試著去幫助這些人，去滿足他們的需求，這樣的出發點才是真正讓阿里巴巴成功的原因。因為阿里巴巴追求的不是自身集團的利益，而是期待透過他們的平台與產品，幫助中小企業、個體商戶走上檯面。

2015 年，另一位日本經營之神稻盛和夫來台灣，也舉辦了一場公開演講。他談起了自己的人生，如何從貧困走向成就。他提到 2010 年日本航空破產，他以無給職的義務身份，接手這個爛攤子。當年的他已經 78 歲，周遭的親友跟媒體一致看衰，認為這樣去蹚渾水反而會讓他日本經營之神的美譽「晚節不保」。

　　但稻盛和夫想起了自己年輕的夢想「為人類、為社會貢獻，是人生最有意義最崇高的事情」。已經在財富跟名聲達到顛峰地位的他，決定為了公眾的利益，從利他的精神出發。他接手這家風雨飄搖的日本代表性企業，扛下這個吃力不討好的任務，為的不是自己的好處，而是希望貢獻自己的力量，挽救這個代表日本國家門面的公司，讓三萬兩千名的員工不至於被裁員。

　　「『利他』這個純粹、專一的動機，可以產生強大的力量」，稻盛和夫這樣說。

　　這兩個中國跟日本的知名企業家，不約而同的談到利他的重要性，這也讓我們窺見了成功者的大格局視野。

幫助他人就是幫助自己

　　美國公認的銷售大師金克拉（Zig Ziglar）在他的書中提

過，「你可以得到人生中任何你想要的事物，只要你幫助夠多人得到他們想要的。」他認為，你想要得到什麼，就要先付出什麼。也就像胡適說的「要怎麼收穫，先那麼栽」。

許多人在追求成功的路途上，專注於自己的成就，汲汲營營在財富跟名聲上，甚至為此犧牲了別人。最後即便是獲得了他想要的，仍不會受人尊重。這世界上沒有什麼只有天知、地知、你知、我知的事情，我們每個作為，都必定留下足跡，從而形成他人對我們的評價與認識。

在經營個人品牌上，整體的核心目標跟架構雖然是包裝行銷自己，但我們如果進一步思考，包裝行銷的目的是為了與大眾溝通，讓大家認識我們。那為什麼要讓大眾認識我們呢？就是希望自己可以更有影響力，進而創造更多價值。

有些人認為，這裡所說的價值，就是自己的財富跟名聲，但其實這樣想格局就小了。回到我們前幾章說的，包裝行銷下，要有厚實的專業技術，而這些專業技術是用來幹嘛呢？不只是創造我們自己的財富收入，更是要藉由這些專業技術來協助賦能他人，為公眾帶來效益。

所以在塑造個人品牌上，我們的目的不能只有單純的「我要怎樣形象好，我要怎樣更有名」，而是要跳出這個從自我出發的觀點，轉而思考：「我能透過什麼為其他人帶來幫助？」在幫助他人的過程中，我們的名聲跟財富才會像附屬

品一樣產生。所以核心價值必須要是「利他」，千萬不能把名聲跟財富這樣的附屬品，錯誤地當成了追逐的目標。

賦能是創造價值的唯一途徑

　　檯面上的成功企業，絕對沒有一家只是單純地想要賺錢，而是在追逐獲利的背後，都有一個賦能大眾的核心理念。微軟在 1980 年代就確立了他們的願景「每個桌子、每個家庭，一臺電腦。尋找提高和豐富人類生活的技術」。

　　蘋果零售部門的資深副總裁安格拉・阿瑞德茲（Angela Ahrendts）在一次專訪中提到：「蘋果致力於以精益的技術與產品為人類帶來更好的生活，員工也深信自己是這偉大任務的一份子，這樣的企業文化成就了蘋果。」

　　而成功的企業，也是因為找到了人們的需求，解決了不便，而帶來價值。他們獲利的根基，就是為大眾帶來生活的提升。比如阿里巴巴跟亞馬遜建構了商業的平台，谷歌、推特建立了訊息的平台，臉書、Line 建立了人與人之間的交流平台。因為這些企業的存在，都讓人們的生活更便利，他們都是透過賦能大眾，創造價值與收益。反過來說，如果一個組織團體是靠著剝削眾人的利益，那本質上跟詐騙集團無異。

　　回到我們自身，經營個人品牌就像公司的行銷與公關，

這是一個包裝呈現的手法，但在這層包裝下，必須要有紮實的產品。對於個人，這個產品就是我們專業知識跟個人理念。一個成功的企業，不可能只想著獲利；一個偉大的人物，也一定有一個驅動自己前進的核心理念。

而這些核心理念絕對不會是「征服宇宙」、「愚弄大眾」這種邪惡野心。只要是出於邪惡的意念，絕對會被世界反撲；那些最終身敗名裂的人，多少從思想本質上就有問題。想要不走偏的唯一方法，就是要從「利益眾生、成就他人」的態度出發。

成功 YouTuber 們為什麼獲得關注，很多一開始就只是單純地想把自己所知道的分享給大眾，或者為大家帶來歡笑，讓大家開心，自己也開心。一開始就想要追逐訂閱跟追蹤讓自己獲利的，多半不會成功。

有名的 YouTuber 阿翰，靠著精湛的模仿功力及搞笑表演吸引了眾人眼球。一開始他也只是拿手機亂拍，想說自娛娛人，分享給大家他的喜悅，想不到他的表演天分爆表，無心插柳如滾雪球般越滾越大，連天后蔡依林都與他同台錄節目。最後甚至許多國際大廠如 VIVO，都想與他合作業配。想必阿翰一開始根本沒有想靠搞笑賺錢，就是單純的分享而已。

正能量的循環

　　我們給宇宙什麼，宇宙就會回給我們什麼。這猶如因果報應般屢試不爽，當我們給他人或者社會帶來正能量，世界就像一個鏡子一樣，會反射這樣的正能量給我們，讓我們因為幫助他人，同時讓自己成長。這裡有六個方法可以讓我們在幫助他人的同時，成為更好的自己：

1. **更遠大的目標**：我們在經營個人品牌時，一定要思考：自己的核心信仰是什麼？想要為世界留下什麼？生命是何其短暫，即便長壽百歲，我們自身相較於世界又是多麼渺小，可是人的肉體可能消逝，我們為世界帶來的正面價值卻可能永傳於世。最簡單的思考方式是，當自己死去時，你會希望世界會怎樣紀念你？所以思考著「自己不在世界後，能帶來什麼價值」這樣更遠大的目標，就能讓我們找到屬於自己的道路。

2. **幫助身邊的人**：過程中我們不一定要有很遠大的志向，比如拯救世界什麼的。其實只要單純的幫助身邊的人，就可能引發蝴蝶效應。做好每個當下，即便是看到路邊的垃圾撿起來，安慰身邊傷心難過的人，都能帶來價值。

做好我們工作的本分，然後行有餘力再協助他人，這樣
的行為本身就是在塑造個人品牌，因為體現了我們是更
有能力，能帶來好的影響的。

3. 滿足他人需求：所有成功的企業都脫離不了黃金法則，
   就是他們滿足大眾的需求，解決現有的問題，進而帶來
   價值。而我們個人也可以遵守這樣的黃金法則，當別人
   有怎樣的需求，被我們發現時，努力的去協助他們成為
   他們希望的樣子。這樣人家必然感念於心，當未來有機
   會時也會想到我們，進而形成一個正向的循環。

4. 真誠感恩所有：這過程中一定要真誠的感謝所遇到的所
   有事情。不論是好是壞，都成就我們成為更好的人。試
   著向其他人表示心意，寫張卡片，傳個訊息，對自己受
   到的幫助表現感謝之心，這樣就能讓正能量傳達出去。
   這會像個種子一樣，埋入土中，有天會發芽突破土壤，
   長成一棵大樹，結出意想不到的果實，帶我們走向更高
   更好的境界。

5. 能量正向循環：透過這樣的方式，讓自己主動為世界帶
   來好處，發送出正面能量，世界也會因此反射這些，進

而回到我們自身身上。但這過程中，千萬不能有圖謀的，想要以利益交換的方式，從自己出發去做每件事情。因為這樣本質上仍是為自己，一定要全然的不求回報付出，真心的想幫助他人，這樣奇妙的定律才會發生。

缺少利他精神難以維繫品牌

而利他的相反也就是自利，這樣的思維必將對個人品牌帶來負面影響。其中最典型的例子莫過於 Uber 創辦人崔維斯‧卡蘭尼克（Travis Kalanick），在美國許多談論個人品牌的書籍會以他作為負面範例。他在 2014 年解釋 Uber 的價值觀時說道：「我們的運動猶如一場選舉，候選人是 Uber，對手是名為計程車的渾蛋。」這番話，讓 Uber 立刻建立了龐大的敵對群眾。

Uber 在他的領導下，於許多議題上也選擇對抗，尤其是與政府的互動，這也造成他在各國惡劣的名聲。光在美國就有上百場官司。Uber 的互聯網平台概念根本是要從利他的概念出發，讓閒置的車輛能透過平台活化，創造價值。然而卡蘭尼克的本位主義卻讓他在許多議題上不選擇合作，將反對者打為壓制新創的守舊者。

Uber 以公司利益為導向，當美國奧斯汀市立法要求所有

司機必須在政府系統中建立指紋檔，引發了反對。最後 Uber 沒能阻止，決定退出該地市場，然而對於司機卻只是簡單的用簡訊通知終止合作，留下了一堆茫然的司機。這就說明了，面對爭議時 Uber 多半選擇零合的策略。

這些眾多爭議讓 Uber 在 2017 年被使用者發起了刪除 Uber（#DeleteUber）的行動。起因是當時計程車司機發起拒載活動，響應市民對美國總統川普的歧視言論抗議活動。當時的 Uber 卻趁機繼續載客，引發民眾不滿。這場活動導致了 20 萬人刪除 Uber。

卡蘭尼克在處理許多公關危機上也顯得自私自利，比如曾經爆發他辱罵 Uber 司機的新聞。面對這樣的危機，他卻是對 Uber 團隊與大眾發出同一份聲明，內容只有表示自己不夠成熟，也對不起司機，但卻沒有提出改進跟補償方案，顯得不真誠跟敷衍，反而更加扣分。

而卡蘭尼克自己也遭受到內部員工的檢舉跟媒體揭發醜聞，讓他從市值最高獨角獸創辦人，變成媒體、政府、競爭者、員工、司機、乘客等等攻擊的對象，最後被迫下台。這根本的原因就是因為卡蘭尼克的經營理念中缺乏賦能利他、共生共贏的思維。而有趣的是，卡蘭尼克下台後，Uber 在許多面向也開始轉變，比如近期在台灣與政府達成協議，願意賦能計程車隊就是一例。

用包容化敵為友

「利他」真的有不可思議的力量，因為過程中我們會忘記了「自己」，達到無我的境界，這個無我的境界，將會讓我們有更高層次的思想高度。同時能因此化敵為友，把許多原本人生中可能的小人轉化為貴人。

我自己就常常遇到這樣的情況，我身邊許多好朋友，一開始都是對我不友善或者不喜歡我的。有些甚至原本是在我的網路文章下留言批評的網友，過程中我常常會直接傳訊息虛心的請教他們看法，好幾個原本批評的人，最後都跟我成為了朋友。因為有這個無我的境界，讓人願意摒除自身的利益，去虛心的向他人求教與幫助別人。

即便有人曾經虧待我們，說了不公平的話，做了讓我們傷心的事情，就讓負能量到我們這裡終止吧，不要再以憤怒跟哀傷回應，因為那不值得。試著以利他無我的精神，用愛跟正能量回擊。你將有意想不到的收穫。

我在大學擔任學生會領導幹部的時候，找了一個學弟David 當我的副手。當我徵詢他的意見的時候，他非常的驚訝。因為過去在系上他是我的反對派，過去我出面帶頭做事的時候，他跟他的小伙伴們都是出面攻擊我的那方，我本身也跟他沒有私交。我找他徵詢意見，讓他感到不可思議。

我當時的出發點很簡單，因為我看到他過去的社團經歷，認可他的能力。而我認為學生會的事務是為公眾做事，重點是找到有能力的人，放對位置，所以關注大我利益的我，並不在意他跟小我的矛盾。因為這樣，他開始佩服我這個人，進而接觸、了解、認識真正的我，我們也成為不錯的朋友，畢業多年到今天仍時時保持聯絡，而當年跟他一起罵我的那些好朋友，反而在他畢業後沒有交集了。

這就是以利他的角度出發，用正能量帶來正向循環的一個小故事。你也可以試著做做看，找到自己核心價值，為大眾帶來利益，專注於大我，將會讓你達到一個新境界。

組織內部的個人品牌建構

個人品牌是基於網路時代誕生的，是大眾怎樣認識跟理解我們，某種程度可以說是我們的公眾形象的塑造。如同前面說的，現在越來越多的企業在招募人才時會去搜索其社群形象，了解求職者是否符合企業價值觀。這也是為什麼即便不想當網紅，也要開始經營個人品牌。

但是，個人品牌有非常多的層次，一般說的個人品牌，更多的是在網路上的社群形象經營。不過當我們進入組織時，這樣的個人品牌反而可能變成累贅。就像很多日韓青少年偶

像，在校園常常遭到霸凌。太過知名出眾的人物，在組織內甚至可能受到不一樣的待遇跟歧視。

這也讓很多人誤以為經營個人品牌的人，多半是類似SOHO 的個體戶，或許是 YouTuber、接案的斜槓青年等等。或者是要到組織內的中高階層，才能在個人品牌經營上如魚得水。而一般的人，在經營個人品牌時，常常要猶豫是否要脫離公司單位，獨自創業。

但其實這兩者並非魚與熊掌不可兼得，關鍵在於我們對個人品牌必須有正確的認識。就算是在組織內，我們也能塑造個人品牌，這個組織內的個人品牌建構，許多的網路文章或論述會稱之為「職場品牌」，但在我們的認知裡面，這也算是個人品牌塑造的一個分支。只是不同於線上網路社群形象的建構，職場品牌更多的是面對面、實打實的肉搏近戰，所以更具有「線下」的性質。

同時，一般塑造的個人品牌，主要建構是與公眾的弱連結與認識，而個人職場品牌則是那些每天朝夕相處的同仁的強連結。不像面對公眾的個人品牌注重的是「人前名聲」，也就是比如像領英的條目經營公開於公眾視野的，個人職場品牌更多的是「人後名聲」，也就是人家私底下會怎樣說。所以它建構的邏輯跟模式與普通公眾視野的個人品牌有一定差異，但同時兩者相輔相成。

當一個招募專員或獵頭者在領英或其他平台看到一個個人品牌形象經營不錯的人選時，經過其他社群 FB、IG 的驗證後，再試圖尋找能夠證明其個人職場品牌為何的人士詢問佐證。如果只有建立線上個人品牌名聲，平常在職場上卻有不同評價，中間的差異也可能在驗證後成為扣分原因。

個人品牌	個人職場品牌
線上	線下
弱連結	強連結
人前名聲	人後名聲
可能暴起暴落，一成名或者一夜崩解，較容易包裝操作。	需要長時間的累積，與他人的互動，同時較為真實，難以造假。

未來工作的趨勢：RPA 與 ONA

在談論職場上的個人品牌之前，我們要先談談未來職場的兩個大概念。新技術的導入將使得過去的組織結構跟工作任務解構轉換，這其中有兩個新技術值得我們認識與探討，分別是 RPA 跟 ONA。

首先是 RPA（Robotic Process Automation）：直譯為機器人流程自動化，一般解釋是，透過模擬人類使用電腦的操作，實現業務流程處理自動化的解決方案。

我們腦海中的機器人，都是機械手臂那樣在生產線上有實體形象的機器人。但是 RPA 這樣的機器人，是模擬人類使用電腦操作各類辦公軟體的自動化程式，簡單的說，可以視為虛擬的機器人。

舉個簡單案例，現在許多歐美與中國企業，員工報銷費用時會將單據跟表單寄送給一個電子信箱，這個信箱的接收者不是真人，而是一個 RPA 程式，它會自動讀取信件內容，判別出有用數據，然後自動打開 EXCEL 進行彙整，並開啟瀏覽器自動填報費用結報系統，完成後通知員工，進行結案。

RPA 並不是另一種 ERP 概念，而是完全模擬真人操作的自動化程式機器人。它能判別出訊息中有用的部份，像人一樣自動填入既有的系統跟表單，並且通知員工。這樣的應用並不需要新建系統，而是在既有的系統上新開發一個。這代表了，只要廣泛的應用 RPA，大部份可以歸納為 SOP 的日常行政工作的人員都會被取代。

其次是 ONA（Organizational network analysis）：直譯為組織網絡分析，是基於組織成員互動的各類數據，可把組織內的正式跟非正式關係加以視覺化並分析。

過去我們傳統的企業組織傾向於金字塔形式的科層組織，每個單位各司其職，人就像機器一樣工作。未來的組織裡，重複性的工作將被 RPA 這種新技術取代，會形成第一章

所提到的任務型平台組織。組織的階級會被打破，未來評價你工作表現的將不再是你的主管，而是與你互動的同儕。

ONA 就是這樣的概念，我們怎樣知道誰是組織中關鍵的核心人才？誰對組織的貢獻更高？這就要知道他在組織的影響力。ONA 透過分析郵件、通訊軟體以及其他項目專案的數據，知道每個人在組織中的扮演角色。

越是核心的人才，與他有連結的同事跟工作專案就越多，在 ONA 圖中就會像蜘蛛網的核心。接下來看到的圖，就是傳統的科層體制，與平台化組織執行的 ONA 分析比較圖。

其中我們可以看到，越核心的人才，會在整體分析圖的

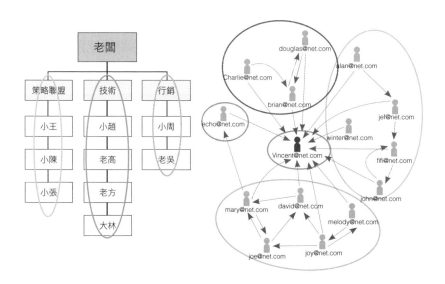

中央位置，像這種與他人連結越多的核心人物，他的離職成本就越高，對組織的重要性也越大。相反的，位居角落，與他人連結不高的，就是組織邊緣人，也會是組織精簡時首先要被處理的人。

了解了這樣的未來職場兩大趨勢後，我們可以進一步思考，在未來時代如何塑造個人職場品牌。

如何塑造職場個人品牌

在職場中，最重要的是創造價值，我們可以把自己當成組織內的服務供應商，我們的客戶就是整個組織跟其他同仁，這過程中只要能創造比其他人更多的價值，自然在職場品牌上也會有出眾表現。而這當中，我們可以從硬技能跟軟技能兩個層面來分析跟加強，藉以提升我們的職場品牌能力。

硬技能

指的是那些能直接幫你完成工作的相應技能，可以透過教育、培訓計劃直接獲得的可量化能力，比較直觀，可以看到。比如 IT 人員的硬技能就是編寫程式，廚師則是烹飪。硬技能許多人會詮釋為「做事的能力」。其中在職場上有三個

比較主要的技能。

1. 專業技術知識：是你在職位上能直接貢獻給組織的能力，這可能是與你過去科系所學相符合的專業能力，或許是財務會計、程式設計、環境工程、文案編寫等等，也就是你的吃飯傢伙。這方面的能力是最紮實的基礎，我們透過這些能力直接對組織產生貢獻。

2. 未來趨勢技能：而除了自己的能力外，對於未來趨勢的AI、大數據、區塊鍊等新興的名詞技術，也是我們要學習的。工作的型態跟產業的趨勢不斷快速變遷，我們也必須快速增加未來的技能。

3. 外語說寫能力：在這個全球化的時代，海島台灣的經濟又以外貿為主，很難不與他國交流，這時候想要在職場上更進一步，當然需要外語能力。外語能力最基礎、最硬核的是英語能力。英語能力達到商務溝通等級、才能夠為自己開一扇窗走向世界，如果英語已經不錯，則可以試著開拓其他冷門的第二、第三外語，為自己增值。

軟技能

　　軟技能則傾向人與人之間交流互動的能力，較難透過訓練直接獲得，而且相較硬技能更難定義，包括了溝通、傾聽、歸納、同理心、職業道德等等。也有很多人會把它詮釋為「做人的能力」。同樣在職場上有三個比較重點的軟技能。

1. 自學分享能力：就是在沒有老師與教練情況下，自己可以獲得新技能的能力。如何規劃自己學習目標，透過自己搜尋資源來獲得技能，這樣的能力也逐漸被看重。因為想要抓住先機創新，就要在眾人還未洞燭前先下手，這時候該領域可能甚至沒有任何導師。所以自學能力可以立刻分辨高端人才。

2. 溝通演說技巧：一對多的演說跟一對一的溝通也十分重要。自己擁有技能是一回事，但如何讓技能完全的發揮，賦能他人，讓大家學習理解，同時協調團隊，讓成員也能發揮自己所長，就是一個難以通過培訓獲得的軟實力。簡報技巧也是當代全球化商務中重要的一環，都要深刻的思考跟學習。

3. 職業道德倫理：人品是在職場向上發展中不可或缺的重要根基，即便有再好的硬技能跟溝通技巧，如果不能以利他出發，甚至幹一些損人不利己、危害他人或者組織利益、見不得人的壞勾當，就不可能在個人職場品牌中建設出良好的聲譽。

　　從上述可以知道，在建構個人職場品牌中，除了硬實力的技能外，更看重做人的軟技能。領英執行長傑夫‧威納爾（Jeff Weiner）曾在受訪時表示：「很多人以為這個時代最重要的技能是寫程式，但其實能讓人在職場出眾的，以及企業雇主真正看中的，是軟技能。」

　　為什麼軟技能更為重要？因為軟技能跟人的性格、品德是掛勾的，較難察覺，也很難量化跟培訓，卻是讓人在職場上能走的更持久的重要關鍵。威納爾認為，人工智能不斷進步，取代很多工作，在此同時反而讓人需要更緊密地與他人互動協作。

　　而硬技能與軟技能又分別對應了「能力名聲」跟「性格名聲」。能力名聲是指你專業技術上的成就與其對應的他人評價；性格名聲則是你待人接物的態度以及他人的感受。

　　這兩者相輔相成，但內容可以相差很大。比如蘋果創辦人賈伯斯，雖然創造了世界市值第一的公司，研發出很多引

領時代潮流的產品，以能力名聲而言可以說爆表強，但是他的性格名聲卻非常差。

　　想要在未來職場建立良好的個人職場品牌，重要的關鍵就是，試著在組織內從事非日常性庶務工作，因為日常性的工作未來會被 RPA 等新技術取代，做這些工作很難體現個人創新價值。同時，要擁有 ONA 的觀察維度，努力讓自己透過專業技術跟軟技能，為組織付出產生效益。並且要與更多的組織內同仁連結，適時協助他人，把自己推向核心群。還有，別忘了從內而外重視自己的溝通、協作以及倫理道德等軟技能。

　　另一方面，在一個組織中，個人聲譽的影響遠遠大於階級，不見得擁有亮麗的職稱抬頭才代表有「實權」。中國第二代領導人鄧小平，他也根本沒當過國家主席呢，所以職稱是什麼不重要，是不是實際擁有影響力才值得關注。個人職場品牌若經營得宜，即便是基層的專員也能有相當程度的影響力。不論在職場或者公眾視野，聲譽相較於財富收入、組織位階，是更有價值的。

不要小看任何人

　　而在塑造個人職場品牌過程中，最重要的是要利他跟善

待他人。當我們真心的想成就事情跟幫助別人時，所能凝聚的能量是超乎意料的。另一個重點則是一定要對每個人真誠，不要小看任何人。我們永遠不知道這個新來不起眼的打雜小弟，是不是未來會成為一個領域的泰斗。

　　在職場上，如果討厭阿諛奉承、陽奉陰違的人，我們就盡量避免成為那樣的人。而自己敬佩的前輩，擁有怎樣的特質，又為什麼會成功，都是值得我們去思考，當成典範人物去學習。前面篇章說過，找到一個你崇敬的人，試著向他請教，讓他成為你導師。

　　同時不要讓情緒凌駕於工作。就算部屬或者同事犯錯，得饒人處且饒人。我曾聽過一個故事，一位在花蓮空軍基地值勤的飛行員，因為維護保養人員的疏失，讓他差點器械失靈墜機。他降落以後，負責保養的同事很緊張，深怕被痛斥跟究責，想不到這個飛行員下飛機後不但沒有照常理的氣急敗壞破口大罵，反而只是很冷靜地告訴對方他剛剛遇到的情況，並且說：「我的飛機以後指定你來維修保養。」

　　那個維修人員驚訝之餘，也很感念這位飛行員的原諒。因此每次的保養都特別用心，鉅細靡遺。

　　所以我們也要試著讓自己成為一個善良、正直的人。

塑造你的人格關鍵字

最後,在塑造職場個人品牌,除了做事情的專業技術跟努力外,最重要的是思考自己希望成為怎樣的人,希望大家怎樣看待自己。

如同在谷歌上,我們輸入任何關鍵字,都會出現聯想關鍵字。比如輸入名廚「江振誠」,可能會馬上接著出現「餐廳」、「名廚」、「品牌」等等關鍵詞。

那我們希望我們個人形象上,大家會聯想到怎樣的關鍵字呢?是凡事都說好的濫好人?還是精明能幹又體恤部屬的好主管?又或者是充滿創意激情四射的年輕人?這都是要我們在別人定義我們之前,先給自己一個定義,一個目標,再努力透過自己的行為與工作成果,讓自己符合這樣的情況。這樣的關鍵字思維也不只適用於個人職場品牌,對於網路形象的個人品牌更是如此,不過相較於網路的關鍵字,面對面接觸的人格形象關鍵字,更好塑造。

職場品牌不需要特別去找什麼 SEO 關鍵字優化。想做個暖男,就真誠的對身邊的人微笑,體諒他人的苦衷,努力成就別人,就可以了。即便原本不是這樣的人,只要立定目標,轉變心態,在很短的時間裡也足以讓別人看見全新的你。試試看吧!重新定義你自己,塑造屬於你的個人職場品牌。

個人品牌

以下的真實案例會讓我們看到人格關鍵字的重要。你的行為會帶給組織內部同仁不同的印象，這個印象會直接與我們的個人聲譽、個人職場品牌連結，進而影響我們的前途。

　　2017 年我們單位來了阿元與阿廣這兩位新人，程度差不多。一個最後獲得了潛力新秀獎，另一個最後在精簡組織的時候被裁掉。為什麼呢？

　　有次我們人手不足，我邀請這兩位新進同仁幫忙我活動攝影，阿元雖然根本不會，但是他說他願意幫忙也有興趣學，這個瞬間他就給我一個「熱心」、「好學」的人格關鍵字在心中。

　　而另一位阿廣則是相反，他認為自己沒學過，不會攝影，怕搞砸這個任務，立刻斬釘截鐵揮手拒絕。這時候我心中就如同被放了冷箭般隱隱作痛。阿廣也成為我在尋求幫忙上的拒絕往來戶，有事情不再找他幫忙，這樣他也失去很多其他機會。後來沒自信的阿廣也成為裁員名單的一員，只能拍拍屁股回老家了。

細胞理論：以大我為出發

　　2018 年夏天的時候出現了一個特殊的動畫，在東亞各國爆紅，紅到連中國官媒《人民日報》都專題報導，而且台灣八卦周刊、時尚雜誌也紛紛跟風刊出專文介紹，許多學校老師也播給孩子看，那就是《工作細胞》。

　　這是一個科普動畫，把身體中的細胞擬人化，整個身體就變成由上兆細胞組成的大社會。大家各司其職，努力工作，把身體許多運作機制變成劇情。在這裡，每個細胞都好像活在一個巨大城市，運送氧氣跟養分的紅血球就像宅配員，白血球跟殺手 T 細胞就是警察跟軍人，每天巡邏並消滅外來的細菌病毒。其他各類細胞也都是這個城市的居民，根據自己的功能每天上班。

　　在那個世界裡面，我們日常發生的小事情如感冒、感染、發炎或劃傷手，都會變成像天災一樣的恐怖情節。連花粉過敏打個噴嚏，對細胞都像是彗星撞地球一樣的災難。

　　不由得說，細胞跟人類社會真的非常像。比如 T 細胞要在如同軍校一般的胸腺經過訓練分化，從初始 T 細胞分化為「殺手 T 細胞」跟「輔助 T 細胞」，而輔助 T 細胞又像司令官一樣動員指揮免疫系統。

個人品牌

工作細胞的啟發

　　這部動畫有趣的地方在於，細胞一定要透過互相合作，各司其職才能夠讓身體運作完善。只要任何一個環節有疏失，都可能造成嚴重的後果，甚至讓整個身體陷入重病或者感染。而這些細胞雖然存在於整體當中，卻又各自獨立，每個細胞在身體裡面就好像一個活生生的個體一樣，它們也會互相辨別彼此，甚至也會發生錯誤，造成自體免疫失常。

　　我們人的社會不也是如此嗎？雖然大家都像個體一樣活著，為了自己的前途努力奮鬥，可是到頭來我們都彼此需要。人是社群動物，一個人很難在外獨活，即便在荒島上，也需要島上的動物植物資源來提供能量。把我們拋出地球，就好像把任何一個細胞丟出體外，一定會立刻死亡。

　　這樣，我們就可以透過身體運作來體會人類組織發展的道理。簡單的說，我們互相為一個整體，這個整體可能是我們所在的組織、我們的國家或者整個地球。

　　大家努力工作，就好像身體的細胞一樣，是為了這個整體的利益努力。因為如同細胞，沒了整體供給能量，自己也必將衰亡。

我就是你：整體的概念

　　我們其實都是整體的一部份，在身體中幾個細胞死亡，不一定會影響整體，但是整體如果因為生病而失去機能，則會讓身體全部的細胞都化為烏有。有了這樣的觀念，我們更可以理解前面章節所說的，「利他」為什麼能產生巨大的正能量。因為只有全部人都好，我們才能跟著好。

　　換一個角度思考──可能有點哲學意味，如果我們身體內兩個細胞互相吵架、攻擊，那從我們的角度來看這兩個細胞可真的「不識大體」，因為他們只想到自己，所以互相傷害，影響了整體利益。這樣說來，放大到我們的人類世界，我們會不會就像這些細胞一樣，大家辛勤努力，除了為自己，也是為整體利益付出。

　　假設每個星球如同一個人的身體，附著在地球的生物就像身體的細胞，脫離了地球就會死亡，而我們有機運作的模式，也如同細胞在身體一樣。這樣看來，我們每個地球上的人都是一體的了。也就是，其實我就是你，你就是我。

　　如果大家都有這樣「整體」的概念，仇恨跟紛爭就會減少。因為從大我出發，我們都是這個整體的一份子。如果為了自己的利益，誤以為自己是個體，而產生紛爭跟資源爭奪，反而消耗這個整體，那就好像生病的細胞一樣會拖垮身體，

最終導致整體的衰亡，在其上的所有人都「玉石俱焚」。

貪汙或者其他腐敗事件往往讓群眾憤怒不已，原因就是整體的利益。前幾年發生的頂新劣油案，讓鄉民群情激憤，那時候各種惡搞魏應充的影片在網路上到處流傳，社會上也發起抵制頂新味全的活動。這就是因為對大眾來說，為了自己私利，犧牲公眾利益的人，真的猶如癌細胞一樣，人人得而誅之，這樣的人如果壯大，最後可能成為全世界的災難。

不要當癌細胞

如果每一個人有這樣整體的觀念，那世界的問題就少了。更進一步，我們可以思考為什麼這個世界會有許多不公不義的事情發生。就是有人拿了他不該拿的東西，做了不該做的事情。那他們又為什麼會做出這樣的事情呢？因為他們把小我的利益看的比大我重要，所以願意犧牲公眾利益換取個人的利益。

透過各種不正當的手段讓自己獲得更多資源，這過程中必然會犧牲其他人的權益。這就是世界上許多不公平事情發生的原因。而這樣的人，跟癌細胞一樣。癌細胞就是因為突變等原因，造成細胞不斷不正常增生，簡單的說，癌細胞就是腦子燒壞了只顧著自己無限繁殖，為了獲取營養開始犧牲其他正常細胞跟組織生存空間的壞人。

　　我們千萬不能成為癌細胞，就是那種為了自己利益寧願犧牲公眾權益的人。舉凡使用不正當手段，威脅、詐欺等手法，都跟癌細胞一樣。相反的，我們一定要認知到，這個世界就是一個整體，一定要透過「利益群眾」、「成就他人」的心態跟想法，對世界造成良善的影響，才不枉費為人。

　　這不是一種道德說教，而是一個最基本的核心原則。我們在經營個人品牌的過程中，一定要堅守著這樣的信念，避免自己迷失方向。同時也要時時反思審視自己，經營個人品牌成功後，可能擁有巨大的影響力，此時我們的善與惡也會被放大。許多人或許會把你當成某個領域的導師，因此你的一言一行都要戰戰兢兢，以免無意中傳播了有害觀念，在不知不覺的情況下成為了癌細胞。

　　歷史上造成重大傷害的獨裁者，比如希特勒跟墨索里尼，他們的個人魅力極佳，足以奪取政權、煽動整個國家，但是

因為其內心的核心價值錯誤，他們個人的成功卻讓自己的國家跟民族走向毀滅的道路。即便現在的民主體制之下比較難再出現這種人物，但每一位個人品牌經營者都必須要戒慎恐懼，以免自己積累的公眾力量最終成為雙面刃。

假久了並不會成真

網路上有個談品牌與行銷的有趣段子，是這樣寫的：

男生對女生說：我是最棒的，我保證讓你幸福，跟著我好嗎？——這是推銷。

男生對女生說：我老爸有三處房子，跟我走，以後都是你的。——這是促銷。

男生還沒開口對女生表白，但女生被男生的氣質和風度所迷倒。——這是行銷。

女生不認識男生，但是她的所有朋友都對那個男生誇讚不已。——這是品牌。

這個段子很生動的描述了品牌行銷的概念。我們抽換概念，假設今天「追女生」變成「職涯機會」，那主動去投履歷應聘求職，就好像登門拜訪的推銷員一樣，要積極的說服

對方，因為對方在看過你履歷前，可能根本沒聽過你。相反地，透過個人品牌的經營，你在領域的名聲會使你在還未主動出擊之前，就有各種機會自己找上門。

但這一切都必須要基於一個最重要的根本，那就是「真實性」。不然即便女孩真的嫁給你，婚後發現根本不是那麼回事，那很難有幸福美滿的結局。個人品牌的經營也是相同的道理。

個人品牌經營在塑造的是人家如何看待你，以及怎樣認識你。簡單的說，就是關起門來，你不在現場的時候，其他人是會黑你還是捧你，會怎樣評價你的專業技能、個人操守等等。然而這是外在的，這些聲譽必須要與內在真實的你符合，才能走得長久，也才能心安理得。

黑袍糾察隊

2019 年夏天，一部亞馬遜原創的網路影集《黑袍糾察隊》（The Boys）突然紅了起來。這個影集的主題很常見，就是美國人最愛的超級英雄系列，不同的是表現手法卻是前無古人，因為這齣戲中的超級英雄都是反派角色，這個科幻片赤裸裸地映照了事實，從而在網路上引起熱烈討論。

在影集中的世界裡，存在一種超人類，擁有超能力，成

為超級英雄。有一個專門經營超級英雄的經紀公司「沃特」，訓練了很多英雄，讓他們去剷奸除惡，其中最有名的是英雄團隊「七巨頭」（有點類似復仇者聯盟），他們到處打擊壞蛋，贏得人民的崇拜，還有周邊商品、遊樂園等。

然而這些表面風光亮麗的超級英雄們，其實背地裡做了許多見不得人的骯髒勾當。甚至許多拯救人民的情節都是安排好的橋段，很多還做出殺人毀證、私德敗壞、表裡不一等等爛事。

一群因為他們邪惡勾當受害的受害者們，組成了「黑袍糾察隊」準備復仇，揭發他們的真實面貌，劇情就圍繞這兩群人的鬥智鬥法。

這個故事架構與其說是超級英雄影集，不如說是一個寓言故事。這些超級英雄暗喻檯面上無良的政客、明星等受到眾人崇拜追捧的正面角色，卻在背地裡幹許多損人不利己的壞勾當，又透過經紀公司或者公關公司的包裝，加上後台夠堅強，能夠犯法而不受到制裁。劇中的《黑袍糾察隊》就猶如揭發醜聞的爆料人士一樣。這樣的劇情在真實世界不斷上演，所以能引發共鳴。

虛假必遭踢爆

　　當一個人有了一定的名聲與地位，對於自身的質疑以及挑戰一定會如雪片般飛來，這是因為等著看成功人士被拉下台的人可多著了。連歐巴馬都被質疑過出身，被攻擊說他並非天生的美國人。蔡英文也曾被質疑過倫敦政經學院的博士學位有問題。面對這些質疑，最好的方式就是自己先是個「如假包換的真貨」，就像大陸北方歇後語說的「是驢，是馬，牽出來遛遛看就知道」。

　　真金不怕火煉，任何的虛假，總有一天被人踢爆，搞得自己狼狽不堪。每隔兩、三年就會發生這種事情，也不只是在台灣而已，只要是民主開放有新聞自由的地方，每天都有名人的醜聞被踢爆。多少名人因為學歷造假、經歷誇大、倫理有問題、說謊被揭穿等，搞得身敗名裂。

　　所以外界的質疑聲浪必然會發生。不管是誰，只要成為公眾人物後，一定會受到尖銳的問題質問。

　　那為什麼有人要以不實的內容來包裝自己呢？就是因為自己程度還不到，想偷吃步，就直接唬爛。前些日子媒體報導明明沒有碩士學歷，卻假造清大研究所畢業證書，面試進入科技業擔任主管，最後因為工作能力明顯不符合被揭穿。也有人假稱自己是獲獎無數的某某台灣之光，最後被周刊踢

　　　　　　　　　　　　　　個人品牌

爆根本是幻想瞎掰。

　　虛假的包裝就像遊戲開作弊外掛一樣，可以讓自己省去許多努力，但本質就是詐欺，損害大眾利益跟社會信任。其實台灣這幾年的名人造假事件，多半有一定的套路。

　　2017 年 1 月台灣爆出兩個身份造假的知名案例，分別是海倫清桃跟田中實加。一個是純越南人卻假稱自己是台越混血，另一個則是台灣人假裝自己是日裔灣生後代，編造了許多腦補情節。海倫清桃明明成年才來台灣，大學也在越南念，卻唬爛自己是景美女中、UCLA，甚至搞到景美女中都邀請這個不存在的校友演講。另一個自稱自己在日本長大，還在東京藝術大學上過學，是知名的藝術家，卻盜用別人畫作偽稱是自己的，最後被踢爆根本連日語都講不好。

　　這些人透過自己瞎掰的故事獲得巨大的名聲跟關注，但如同前篇所說，造假的經歷勢必被揭穿。所以在經營個人品牌上，一定要力求真實性。這個網路時代，要驗證事情非常簡單。多少鄉民光是用谷歌就能當名偵探。上述兩者也是透過網友爆料揭穿的。

包裝與造假

　　前述兩人算是非常極端的通篇鬼扯行為，然而有些虛假

卻是基於真實的。比如矽谷知名的詐欺新創公司 Theranos 的創辦人伊莉莎白·霍姆斯（Elizabeth Holmes）的故事就是典型的七分真三分假。

基本上，她的前半生都是真實的，出身名門，從大學在史丹佛大學化工系，跟隨名師錢寧·羅伯遜（Channing Robertson）一起工作，她大膽的讓老師相信她的構想，生產出一個可以用幾滴血就測百種病的新形態檢測器。

到這裡，故事都還很立志，一個怕血的小女生大學輟學，想要研發一個拯救世人的血液檢測產品。她的老師積極幫她介紹投資人，就這樣不到幾年募資到上億美元，甚至說服了前國務卿加入董事會，組成美國有史以來最強大的董事會。

這個成就，被一系列知名媒體報導，包括《財富》雜誌、《富比士》雜誌及《Inc.》雜誌，也讓她被譽為是下一個賈伯斯。然而她的公司研發進度卻遠不如預期，她原先向投資人大肆吹噓的產品根本不能實現。這樣，已經獲得大量資金跟投入巨大資源的霍姆斯只好鋌而走險開始造假數據，偽稱產品成功並上市。

但她的產品根本檢測不了什麼疾病，只能把血液偷偷運回用其他公司的大型設備檢驗，過程中血液早就污染，沒有達到她想要的方便目的，反而因為錯誤的報告延誤病人就醫，導致損失。

「惡血」的故事讓我們知道：有時候事態發展不盡如人意，但她為了維持她成功年輕女性創業家形象，選擇忽視現實的不可為，轉而造假，最後讓公司因詐欺被解散，自己也遭檢察官起訴。

　　這些血淋淋的案例都提醒著我們，若有人想要透過經營個人品牌，行銷自己來產生影響力，一定要秉持著誠信跟真實的原則，不然沒有人能逃過法網。我們可以包裝自己，凸顯自己的優勢，但絕對不能用虛假的故事欺騙大眾。真實性，是個人品牌塑造的根本原則。

章節重點回顧

1. 「利他賦能」是創造價值的唯一途徑。

2. 成功的企業一定有超越獲利的更高信仰。

3. 每個人都要思考超越財富跟名聲的更高價值。

4. PRA 讓人從庶務型工作解放，ONA 使企業更注重能主動產生價值的員工。

5. 硬技能對應我們的能力名聲，軟技能對應性格名聲，在未來世代軟技能更顯重要，也是個人職場品牌的重點。

6. 用行動塑造你的職場性格與能力關鍵字，善待他人，主動幫忙，都能讓你獲得好印象。

7. 人類社群、國家、組織就像身體，我們都如同在其中工作的細胞。我們互相為整體，為整體的利益努力工作。

8. 不能有為了自己犧牲他人的野心，這樣就如同癌細胞般，為了壯大自己而破壞整體利益，可能導致整體的消亡，這樣的人需要被消滅。

9. 在經營個人品牌中，最忌諱不實的造假。任何虛假成分最終一定被踢爆。

10. 我們可以適度包裝自己，但不能逾矩誇大或者無中生有。

思考討論議題

1. 你的專業能力可以怎樣為組織或者他人賦能呢？
2. 除了財富跟名聲，還有什麼是你最想追求的？
3. 你希望塑造怎樣的能力跟性格關鍵字呢？
4. 對於軟技能與硬技能，你可以怎樣加強？
5. 你過去有沒有在組織中遇過哪些如同癌細胞的人？他做了什麼事情？我們怎樣避免成為那樣的人？

第五章
全面準備預防危機

個人品牌都是如何崩解？

「人生如戲，戲如人生」這是大家從小都聽過的話，這句話出自英國文豪莎士比亞的作品，社會學家厄文・高夫曼（Erving Goffman）也認可這樣的說法。他在他的作品《日常生活中的自我表演》中提出了「劇場隱喻」。他認為每個人都在社會這個大舞台上，在別人面前表演自己。透過表演，我們試著去塑造、影響他人對我們的印象跟了解。

高夫曼還提出了「角色距離」的概念，就是一個人自身的性格、能力、水準與其扮演之角色間的差異。高夫曼認為，進入角色需要具備三個條件：

第一，獲得了承擔某種角色的認可；

第二，表現出了扮演這一角色所必需的能力和品質；

第三，本能地或積極地，在精神上和體力上均投入這一角色。

在塑造個人品牌的過程中，若上述三個條件的其中之一與現實發生落差，就會形成角色差距。塑造個人品牌可以說就是扮演好一個自己想當的角色，透過前幾章的方法，努力達到你想成為的人。比如你想當一個知名國際彩妝師，你可以去歐美學習彩妝，然後一步步建立名聲，在各大時裝周擔任彩妝師不斷推進。

這個過程你不斷的「打怪晉級」，最後升級到你想要的等級。但有些人此刻的能力未符合角色要求，卻想一步登天走上高峰，此時就可能用虛假的故事來獲得認可，可是自己又沒有相應的能力跟品質。這樣的角色落差，在網路流行用語稱為「人設崩壞」。

前幾章提到假裝自己是國際知名彩妝師的女騙子李敏，被踢爆根本沒有留學歐美，也不是國際彩妝首席，就是這個角色差距過於巨大，同時被大眾發現，因而喪失這個角色，人格也被大眾否定。

為什麼會有人設崩壞

　　人設崩壞在公眾人物中非常常見，亦即公眾人物做出與大眾印象不符合的行為，導致形象崩壞，這樣會讓大眾開始懷疑過往的表現是不是都是虛偽的，或者他瘋了。比如說，為什麼阿翔跟謝忻當街擁吻被拍到會引起軒然大波？不只是因為阿翔已婚，更是因為阿翔原本「愛家好男人」的形象與這個行為不符合。我們假設一個公眾人物本來就是花花公子，他本人也不在意社會眼光，那其實被拍到婚外情，大眾可能也只是「喔，這樣喔，這種人正常吧！」

　　再舉一個例子，如果今天林志玲突然往浴缸裡加了一堆泡麵，然後穿著內褲，瘋瘋癲癲大吼大叫就下去泡這個泡麵澡，想必一堆人會崩潰，並且成為頭條新聞，因為這個行為太不符合她的形象。你可能會說，不論誰做這種事情都會被當神經病吧！的確，這是神經病的行為，但有些人做就不是問題，知名的青少年 YouTuber 小玉就專門拍這種無厘頭搞怪影片，而他的國高中生粉絲群也期待他各種瘋狂的影片。他就算裸奔，對大眾來說都是「正常事」。

　　中國知名偶像團體 TF BOY 的王源被拍到在餐廳抽菸，就引發巨大迴響，他抽菸時已經成年，所以問題聚焦在他在全市禁菸的北京抽菸要受罰。不過大部份的中國餐廳都可以

抽菸，所以說實話在餐廳抽菸，對中國來說不是大事情。如果是其他的大叔型藝人，頂多給人說兩句就算了。但王源被拍到卻引發極大問題，他甚至因此出來公開道歉。

原因就在於他的人物設定是「清新鄰家大男孩」，也曾在電視上呼籲大家遠離菸害，平常大家也不會把抽菸跟他的形象聯想，所以才會驚訝。因為這樣的行為給人表裡不一的感覺，說一套做一套，雙面人。當發生這種違反人設的行為時，在大眾的潛意識中加深了這個人物是虛假的概念。

沒有人設，沒有崩壞

這裡我們提個專業的術語。德國法蘭克福學派的馬克斯‧霍克海默（Max Horkheimer）及狄奧多‧阿多諾（Theodor L. W. Adorno）提出了「文化工業」的概念，就是大眾文化在當代的資本主義下變得商品化跟標準化，導致文化變成一種物化、大量生產、商業化的產物；藝術不再是追求美學或者內在的精神，而是為了讓大眾願意掏錢消費。

在這樣的情況下，藝人跟明星作為商品，就需要先有設定跟規格，好讓符合喜好的消費者願意購買。例如經紀公司會賦予藝人一個形象跟角色：清新少女、妖豔女星、俠義大叔、藝文青年……因為這些藝人一定程度上是背後經紀公司

的「產品」，他們的存在跟產生的效益就在於「獲利」。

　　日本偶像團體比如ＡＫＢ４８，大多都會被塑造成柔弱的鄰家女孩，青春可愛，就是因為這樣的設定最有市場，相較於抽菸、抖腳、吐痰的「女漢子」，宅男最愛這樣的女孩。

　　政治人物也是，為了獲得選票，讓選民接受，許多也會特別設定出不同的形象。所以大體上個人品牌中形象的崩壞，都在於這個角色差距被人識破，讓人對他們的印象幻滅。那麼，想要避免人設崩塌，一開始就不要演這場戲，不要有「人設」，而是要做真實的你。

從內心真正的進化

　　一般人在經營個人品牌的時候，盡量以「做自己」出發，不要為了符合某種喜好，特別的去「做別人」，也不要先給自己預設人設，而是思考自己既有的性格、專長跟興趣，根據自己的天賦找到未來道路。美國知名管理大師史蒂芬‧柯維（Stephen Covey）在《第８個習慣》中，認為人要從成功到卓越，必須要先找到內在的聲音。

　　只有先認識自己，才能發揮自己的潛能。人都有選擇的自由，選擇自己的方向，找到自己的人生價值觀，依靠自己的良知道德，找到正確的判斷。如果我們經營個人品牌只是

找到內在的聲音

為了大眾的關注跟喜愛,最終我們可能陷入一個陷阱,就是有了個人品牌,卻失去了真正的自我,為了認同而不斷與自己妥協,做出與真正的你(還有你內在聲音)完全相反的行為跟舉動,同時活在「害怕真正的自己被揭穿」的恐懼當中。

怎樣可以避免「人設陷阱」,避免人設崩壞?就是我們試著不要去演戲。如果你被賦予的角色跟你的內在聲音完全衝突,那即便擁有再好的個人品牌跟形象,每當夜深人靜也是很空虛寂寞的。即便我們有個目標願景,也要實打實的,走進一步才向外揭露一步。就是假設你只有 60 分實力,千萬不要對外裝出你有 100 分,要先充實自己到 100 分,讓形象與實力一起進步。

做自己 vs. 做自己的風險

　　網路上的意見領袖之所以受到歡迎，就是一開始就做真正的自己。這點有別於傳統藝人、明星的包裝。有名的百萬網紅鍾明軒有一句知名的話，深深獲得年輕的朋友喜愛：「喜歡就喜歡，不喜歡就滾開。」坦然而無畏於外在的眼光。這樣的網紅人設很難崩塌，因為他大方的揭露自己，而人們也是喜歡他最真實的樣貌。

　　這樣的風險在於，做自己的時候，必然遭到很多人批評。館長也是一個完全做自己的人，想到什麼就講出來。許多人喜歡他的直言，也有公眾人物對他反感或直接攻擊。但對於館長來說，這樣草根敢言就是他的招牌，即便被人批評也無愧於心，因為本來任何產品就會有人喜歡有人不喜歡。

　　另一方面，如果擔心別人的厭惡，在經營個人品牌上變得畏首畏尾，怕自己的言論不符合大眾喜好，怕自己因為說錯話被攻擊，或者怕自己不符合粉絲心中形象，因此太在意別人眼光，這樣反而會把自己束縛住。經營個人品牌雖然是希望加強他人眼中自己的形象，但是要知道，比起追逐這些外在的掌聲，我們更應該反求諸己，先愛自己，接納真實的自我。

　　再舉個比較極端的例子，在 2019 年 10 月，美國總統川

普被爆出要求烏克蘭總統調查其政敵拜登，引發了美國政壇風暴，民主黨甚至發起彈劾案，情節堪比水門案。但是川普卻屹立不搖，甚至公開呼籲中國也參與調查，他的支持度沒有因此下降，反而達到高峰。為什麼呢？因為川普這麼做毫不意外，川普從頭到尾都在做自己，口無遮攔、咄咄逼人，外界看來如同瘋子般的強勢領導，他會要求外國政府調查政敵，完全不會出人意料。

所以面對這樣的「憲政危機」，他沒有人設崩塌，反而加深了許多狂熱粉對他的好感，因為這就是川普，當美國許多基層不信任司法，不信任政治之時，對於川普要求外國政府調查政敵，也認為情有可原。而水門案的尼克森，為什麼會因為竊聽案一夕崩台，因為他作為法治捍衛者的形象跟人設深入人心，當被揭發時就變成了表裡不一的偽君子，才讓人們感到反感。

卸下面具

我們不要為了大眾的喜好去演戲或假裝別人，甚至只因為其他人喜歡，你就提倡一些你不認同的事情。用虛假塑造的個人品牌，本質上就是欺騙，即便我們不像前面幾章提到的那種在自己成就跟經歷上造假，但只要表面一套，私底下

一套，被揭穿後你的處境就困難了。

　　我們應該讓「個人品牌」塑造出「真實的自己」，才能吸引真實的粉絲，那才是你值得去經營的。因為粉絲喜愛跟認同的是那個沒有戴上面具的你。所以，怎樣讓你的個人品牌不崩塌呢？就是不要有刻意人設，不要當演員，做你自己，不要畏懼於他人眼光而偽裝自己。

聲譽危機的處理應對

　　在這個個人品牌的時代，每個人都可以透過社群的平台創造自己的名聲。而每個人也能像一家公司一樣，為組織內外提供服務。這時候公關危機也會從大企業、公眾人物轉移到我們個人身上。在這個當下，當個人品牌經營到一定程度時，每個人都有可能碰到個人公關危機。但不同於大企業有公關或者顧問公司協助，我們遇到個人公關危機時，沒有智囊團可以出謀劃策，因而容易導致失誤。一個錯誤的應對可能會致命性地摧毀個人品牌。

　　個人的公關危機，不妨更進一步以「聲譽危機」來闡述會更加貼切，因為個人品牌的經營不只是針對公眾，在組織內也能建立職場的個人品牌名聲。所以發生於組織、社群內部的聲譽危機，概念上並不完全等同「公共關係」的概念。

內部與外部的聲譽危機

相較於外部的聲譽危機，內部的聲譽危機較好處理。因為在組織、社群內多以強連結為主，大家對你的印象是長久直接相處的累積，與其他人之間也有直接的連結，必要時可以面對面的溝通澄清，若有危機也比較容易化解。

但外部名聲是面對公眾的，在這個訊息快速流動的社群時代，如果沒有在當下及時妥善應對，危機很容易繼續發酵，蝴蝶效應般不斷擴大，最終可能導致個人品牌的完全毀滅跟崩解，被迫消失在公眾舞台。許多爆紅的網路公眾人物已經有前車之鑑了。

分類	外部聲譽危機	內部聲譽危機
發生場域	網路、公眾視野	組織內、同儕間
連結關係	弱連結：可能因為公關危機讓原先不認識你的人開始討論	強連結：這樣內部的聲譽危機大多只會在與你認識的人之間
處理難易	處理失當可能毀滅個人品牌	能面對面溝通較好解決
發酵時間	發酵時間較快，但討論熱度不長，較容易被淡忘	發酵時間較長，容易形成固定印象，較難被忘記
後續影響	容易在網路上留下紀錄被查到	換個場域後可以重新開始

外部聲譽危機才會是比較棘手的問題。假設你在公司臭了，大可以換個環境重新開始，也可以透過抓住幾個關鍵人物的方式重塑名聲。但外部聲譽涉及的範圍廣，個人品牌塑造越成功，摔下神壇引發的效應越大。如果只是千人追蹤的小網紅，頂多在線上社團被討論，但如果數萬人且在領域有一定影響，上媒體都有可能。

如同上一章節所提到的，大多數的品牌崩塌都是因為形象崩潰，就是你的行為表現不符合大眾對你的印象，而讓人覺得你表裡不一、平常都是假裝。比如柯文哲屢屢因為心直口快而失言，同樣的話如果由其他形象不同的政治人物說出來，可能引起巨大討論，但柯文哲或許只會被說：「又來了。」

解決危機的 5 大步驟

所以在解決聲譽危機上，重要的是讓大眾知道你並沒有表裡不一，而是這當中可能是有誤會，或者你真的犯錯了而願意改進。在這裡我們提供 5 個步驟。

1. 把握黃金時間：在網路時代，訊息傳播的速度飛快，不像過去沒有電腦的時候，大眾還需要透過報章或電視傳媒了解訊息。任何一個訊息在網路上流傳，不論是真是

假，都可以迅速蔓延開來。當面臨公關危機時，一定要在發展到不可收拾的境界之前做出回應。但也不要為了搶快回應，在手忙腳亂下做出錯誤決策。一般來說，假設是上升到媒體報導層級，一天以內要做出回應。

2. 前後沙盤推演：通常我們個人聲譽遇到危機，除非當到一定的層級，不然不可能會有公關團隊協助。許多個人就因為急於澄清而弄巧成拙，可能在辯解過程中反而攻擊外部他人，引發群眾反感，或者應對失當、越描越黑反而受到更多質疑。這時候要試著先內部做沙盤推演，冷靜列出可能的應對選項，思考每一種回應下大眾可能的反應，以及先確認希望達到的成果，最好找幾個親近的朋友先討論方案。

3. 親上火線降溫：最重要的是本人需要親上火線，不管是透過自媒體（臉書、IG 等等）或其他管道發布聲明。這裡不建議直接開直播澄清，因為情急之下直播可能會有反效果，如果要用影片澄清，有剪輯、安排過的更為安全。如果沒有上升到媒體報導層級，發布書面聲明會是比較保險的做法。可以先讓周遭朋友看看擬定的回應草案跟稿子，讓旁人給予意見，不要急於滅火反而變成提

油救火。

4. 給予未來承諾：大部份會造成聲譽危機，就是做了一些大眾認為在道德上不能接受的事情。這時候如果真的有錯，比如「個人言論失當」、「涉及法律問題」等等事情，必須要提出補救措施，這過程中要真誠的表示悔意，承認過錯並且表現出可信賴的形象。另外，還要給予未來的承諾，就是未來將不再犯錯，並且將用怎樣的方案彌補過錯。

5. 開始重建名聲：此時不要就銷聲匿跡，這樣大眾對你的印象會停留在最後的事件。要試著重建自己的形象。其實這並不困難，許多的藝人或者公眾人物都曾爆出醜聞，但最後也活得好好的。比如陳冠希雖然前幾年的豔照門鬧的滿城風雨，但今天也依舊在檯面上。更有如孫安佐這樣，原本被當成國恥的，回台灣後自己經營形象反而由黑轉紅，凝聚一定程度的粉絲。所以當發生危機，不要選擇關帳號神隱避鋒頭，反而要在補救後持續有正面形象曝光，讓時間洗鍊過去。

四種常見個人聲譽危機

公司的公關危機可能是產品質量或財務狀況等等各種複雜因素，但個人品牌的經營上，能牽涉到個人的聲譽危機大多能分為四類：

1. 學經歷遭質疑：這是最常見的攻擊，上到總統參選人，下到普通的 KOL 都可能面臨到被質疑經歷有問題。這類的聲譽危機最好應對，就是證明你是真的。拿出畢業證書或者相關證明文件，或者請能夠證明的權威人士協助出面。這個危機也是最容易遇到的，因為質疑你的人不需要負什麼責任，但若抓到你是假的，他就是打假功臣。所以要預防的最好方式，還是如同前幾章所說的，不要有任何虛假誇大成分在履歷中。

2. 個人失言風波：發表失當的言論，也是聲譽危機引發的原因。一般人在經營網路形象時，每個發文、影片都可以經過自己先審視一遍，不像政治人物或藝人，每天都有麥克風督過來。只要沒事別嘲諷批評他人，通常很難失言。除非自己就是政治或者公眾領域，會涉及社會議題的人士，不然通常要避免對政治、性別、族群等等做

出強烈表態。因為這些議題常沒有絕對政治正確的答案，表態後容易引發另一派的不滿與抵制。若與自身領域無涉，不用特別提及。

3. 受到人身攻擊：有時候會遇到一些不理性的鄉民，不是針對事情，而是針對你這個人本身攻擊。對你的出身、性向、族群、外型加以嘲諷。就算是出身清白世家，可能也被冠上富二代不知民間疾苦。前總統馬英九過去競選時，都被質疑過性向問題遭到對手大作文章；高雄市前市長陳菊也因為體型被攻擊過。面對這種攻擊，一般人會出於本能防衛還擊，甚至演變成對罵。這其實不需要特別回擊，進行澄清即可，有些甚至不需要回應。

4. 遭爆不法情事：被爆料有不法情事，可說是個人聲譽危機的主要原因，尤其在大眾與傳媒容易未審先判的情況下，即便是冤枉也可能對形象造成極大傷害。一般來說有兩種情況，一種涉及公眾事務（經濟、財務）方面的問題，另一種可能是私領域（倫理、道德）方面。這種情況若屬自身被誣陷，就應該請律師協助，向謠言發起者寄發存證信函，力爭清白。但如果個人自知理虧，就應該在真相被揭露之前自己先坦承，才能降低衝擊。

出手防禦自己

　　其實相較於真正的個人品牌聲譽危機，一般在網路上更多的是網友的不同意見留言。當越來越多人認識我們時，一定會有人有不同意見，甚至留言表示否定等。這時候有些人會進行防禦，逞口舌之快在言語上回擊，也有人就乾脆刪除、封鎖網友。不過這些反應反而讓酸民有擴大議題的空間，可說是傷敵一分，自損九分。

　　比如 2019 年 3 月有位女網友在網路上批評高雄市觀光局長潘恆旭鬼頭鬼腦的，看到就想轉台，引來潘恆旭親自回應，回擊該名網友才是心術不正、讓人看到就想吐。這樣的回應不但沒有防禦到自己，更讓自己形象受損，兩造對話也成為當時熱點話題，登上新聞版面。試想，如果潘根本不搭理這樣的流言，甚至用正面的話語回覆說：「謝謝您的指教，我會繼續加油改進。」那結果會怎樣呢？

　　若你不是政治人物或藝人，只是一般大眾在經營個人品牌，你的事件其實很難上升到媒體層面，除非你是在火車上欺負老太太被人錄影。所以有時候可選擇忽略一些發文或留言，反正它們會立刻被埋沒，不必特別大動作回應，免得讓更多人知道這件事情。一般來說，只有在其個人頁面或者發文底下留言的，都無關緊要，除非已經擴散到登上 Ptt、

個人品牌

Dcard 這種社群論壇熱議，才有必要按照上面所說的步驟處理。不然很多阿貓阿狗的無聊攻擊，其實理都不用理，因為那也不是聲譽危機，只是酸民的正常發揮。

接下來，我們來實際看幾個公眾人物的個人聲譽危機處理，套用我們前面所說的理論，思考其處理方式是否可以更好，或者有值得我們借鑑的地方。

聲譽危機實例解析

澄清變成樹敵

最著名的莫過於在 2017 到 2018 年間紅極一時的知識型網紅囧星人。囧星人在最紅的時候常受到各大媒體專訪，還被譽為台灣歐普拉。但因為三大事件的公關危機處理失敗，導致轉黑，受到鄉民批評抵制，最後淡出了舞台。我們先簡述三大事件，再來分析其中聲譽危機處理失當之處。

1. 聯合報願景工程事件：2018 年 3 月，囧星人接受聯合報專訪，聯合報下標「魯蛇翻身當紅 YouTuber 囧星人：這個社會很公平」。這篇原本是要增進世代理解的專題報導，卻因為這個標題引起軒然大波。許多網友不認同囧

星人說法，加以批評，冏星人則開直播說自己的意思被記者扭曲，報導沒有事先給她看過，不尊重她，是利用她操作輿論。接著採訪記者也發出聲明，表示基於新聞倫理不能給受訪者事先「審稿」。想不到冏星人再次直播，在該名記者不知在直播的情況下，直接連線該名記者。後來聯合報公布了訪問全文跟錄影，而冏星人的大量粉絲持續在網路攻擊聯合報與記者。原本想要挽救自己立場，卻因為粉絲如同紅衛兵的「出征」行徑，引發旁觀網友的反感。此事更導致許多人撰文批評冏星人行為。此後冏星人開始有「滋事型網紅」的稱號。

2. 冏說書事件：2018 年 8 月，冏星人在推特發布一篇推文稱，不想再和拖稿的人合作。9 月又發文稱「作家並不都擅長有條理的論述啊」，這發文後一小時，宣布與冏說書團隊其中一位作家終止合作。該當事人公開聲明，表示自己並沒有拖稿，是因為冏星人突然更改排期。這之後引發輿論批評冏星人，冏星人當晚卻發文說自己精神狀況快達到臨界點。之後，原本合作的其他作者也退出計劃，並公開發文不認同冏星人對待合作夥伴的方式。冏星人於是公開向她批評的當事人道歉，並宣布自己身心俱疲，無法繼續冏說書專案。但網友還是在 ptt 等社群

不斷批評冏星人，最後冏星人關閉了臉書與推特專頁。

3. 今日頭條事件：2018 年 12 月，冏星人在中國大陸的媒體平台「今日頭條」上開設帳號，第一條微博宣傳發文「嗨，大家好，我們是來自中國台灣的冏星人」，在台灣引發熱議。冏星人當晚立刻澄清，表示貼文不是她發出的，是由對岸合作公司擅自推文，並要求立刻刪文。然而許多網友已經不滿，冏星人面對大量攻擊留言，先是封鎖，再來發文稱這些人是鬧事者。隔了一個月，到了 2019 年 1 月，由於遭到網友抵制，大量取消訂閱、追蹤，冏星人公開宣布將引退。

從這三個事件可以看到冏星人的危機處理太過急躁，急於澄清自己，反而陷入更大的漩渦。在聯合報事件，冏星人為了澄清標題並不是自己的意思，於是選擇批評聯合報，這是錯誤的公關處理模式。她完全可以單純澄清自己真正的意思，不需要攻擊媒體。如果這件事情反過來是冏星人感謝媒體報導，但是聲明自己真正的意思並非網友誤解的那樣，那後續的效應不會這麼大。當冏星人用「未事先審稿」的理由攻擊聯合報後，等於把這事件提升到另一個新聞倫理的層次，引發更多公眾討論。

其實，一篇報導被網友罵頂多三到四天，若當下立即道歉，表示自己表達不當引發誤會很抱歉，之後透過其他的管道持續塑造形象，則也不至於弄到今日的情況。當冏星人為了所謂的「清白」開直播與媒體對質時，不只為自己塑造了聯合報這個敵人，反而讓其他媒體也因此有所忌諱，不敢再接觸冏星人。

第二個事件中，冏星人也犯了個人品牌經營的大忌，就是公開批評合作夥伴。無論與合作夥伴有多大的不滿，這都是屬於私領域的範疇，就像如果有個公眾人物在臉書痛罵自己家人一樣，這樣的情緒抒發反而一來讓網友覺得莫名其妙，二來直接樹敵，導致不可挽回的極端情況。除非自己評論的人是公眾人物，屬於社會議題討論，不然在社群媒體上都不應該因為私事公開批評他人。

當事情抬到公眾場域中，就會直接被公眾所討論。冏星人沒有拿捏好自己身為公眾人物的分際，反而像普通人一樣在推特上抱怨。其後的反應又再次把自己精神狀況提出，想要獲得諒解跟同情，這也不是一個正面的形象，給人「不穩定」的印象。這種情況讓一些網友有了攻擊的點，並且讓人有一種想要利用病症打悲情牌的感覺。

最後一個事件更是賠了夫人又折兵，可以看到冏星人當下的反應是以台灣市場為主，想要止血，所以表示非她本人

所發，自己不知情。但身為在中國大陸生活過的人，應當不會不知道，政治議題是在進入對岸市場之際，所有公眾人物必須考量的。想要進入中國大陸市場的台灣人，很難不被要求做政治表態。台灣不乏以中國人為認同的公眾人物跟藝人，他們表態後雖然受到一派網友批評，但是其市場受眾本就以中國大陸為主，因此也不會受到多大傷害。冏星人在開始簽約授權影片時，就應該考量到這點。

這幾起事件可以看出，冏星人太急於防禦自己，捍衛名聲，太過急躁做出反應，反而因為失當反應，嚴重傷害自身形象。在危機處理時，有時要抽離「自我」的概念，思考每個舉措會在大眾心目中引起的反應，以及大眾更能接受怎樣的反應。千萬不要讓情緒蓋過理智，這樣就能避免很多問題。

舉例而言，在第一個事件裡，若冏星人沒有大動作反擊，營造被聯合報利用、汙衊的情況，讓粉絲去攻擊記者，則事情不會繼續發酵。她只要簡單說，那不是我的意思、我的意思是什麼、謝謝聯合報用心製作這個專題、希望還有機會再跟聯合報合作等，這樣能表達更全面的自己，也不會進階到雙方衝突，讓其他媒體看戲而鄉民見縫插針、加油添火。

第二個事件則可以假設：只要冏星人一開始根本沒有發這種抱怨文，就完全沒問題了。我們在個人品牌經營時，累積到一定網路聲量，每個公開貼文都要先思考：要達成的效

益是什麼？為什麼要發？發了以後可能造成什麼後果？這種單純的抒發一時情緒攻擊他人，完全沒有好處。如果在發文前可以先從這幾個層面思考，危機是可以避免的。

然而，冏星人這幾個公關危機處理雖有瑕疵，還不算毀滅性的打擊，因為上述多半是情緒控管方面的問題，而非道德的問題。我們頂多能說她與人應對的技巧較弱，但不是壞人。加上她仍有 30 萬粉絲，雖然 Youtube 頻道已經停止更新，卻仍有一定程度的社群影響力，過幾年如果改變作風，耕耘新的領域，仍有重塑形象，東山再起的可能。

神隱導致爆炸

另一個個人聲譽危機處理案例是知名的留美設計師江孟芝。江出身屏東單親家庭，因為其自食其力，透過獎學金跟打工留美，又獲得過許多國際設計獎項而聲名大噪。在 2018 年出版自傳後晉身暢銷作家，小學、中學、大學母校皆將其列為最年輕的傑出校友。2019 年 6 月受邀至國立台灣師範大學畢業典禮致詞，致詞內容在網路瘋傳，因而進入大眾視野。

江孟芝在 2019 年 8 月公布的集集美術館彩繪列車案風光啟程，不料卻被網友爆料字體未經過授權，圖案使用圖庫涉嫌抄襲等。我們用簡單的時間軸概覽一下這次事件。

天數	時間	發展
1	2019.8.20	觀光局與江孟芝合作推出集集彩繪列車，其上以金蕉為車體主色，融入火車路線圖、歷史年表、石虎、921 大地震等議題，引發話題。
2	2019.8.21	網友看到列車的石虎認為不像而引發討論。當天江孟芝於 IG 發文表示，在石虎繪製上以可愛風格簡化，所以導致誤會，自己非動物專家，造成大家困擾，深感抱歉。
3	2019.8.22	Ptt 鄉民爆料，江所謂簡化過的石虎其實是網路付費圖庫的花豹圖，並非自己繪製。同時車上所使用的康熙字典體沒有經過授權。
3	2019.8.22	深夜江孟芝開臉書直播承認使用圖庫的花豹圖並表示是根據石虎的英文搜尋，圖庫沒有版權問題。同時對使用未授權字體一事，自己作為主設計師把關不嚴謹道歉。
4	2019.8.23	大量媒體轉載江孟芝道歉影片，引發公眾討論。許多網友進入江孟芝專頁譴責其使用花豹圖片為石虎，有辱台灣設計界。江孟芝不堪壓力關閉臉書、IG 及個人網頁。
6	2019.8.25	又有網友爆料車上香蕉也是圖庫圖，同時在車椅上印製報紙有致敬紐約蜘蛛人地鐵的嫌疑。也有許多網友開始指稱江孟芝的勵志故事有假，單親貧苦出身只是包裝。
7	2019.8.26	花豹圖庫的俄羅斯原作者了解事件後，主動繪製石虎圖案並願意免費給台灣使用，表示將此事作為保育動物盡一份心力。
8	2019.8.27	關閉社群網站四天後，江孟芝重啟臉書，表示造成風波十分愧疚會負起責任。同時澄清自己並非獲得外傳所說 300 萬元設計費，僅有 25 萬，並將捐出作為保育動物的公益。此外要求造謠毀謗網友停止抹黑，否則將提告。
8	2019.8.27	交通部長林佳龍出面感謝俄國插畫家卡佳免費繪製石虎圖贈與台灣，並表示將邀請其來台共同揭幕彩繪列車。
9	2019.9.15	壹週刊以「白色謊言」為專題，對江孟芝進行報導，調查揭露其家庭情況，將家人老公等等私生活背景揭露，江孟芝因此再度關閉臉書。

其實江孟芝這次公關危機相當可惜，許多層面都可以避免的。因為不同於田中實加、李敏等造假爭議，江孟芝的底氣十足，她所有的學經歷都是真實的，經得起考驗。所謂使用圖庫涉嫌抄襲的指控，其實也可以進一步討論，因為設計師本來就可以利用現有素材創作。主要的爭議點在於，在石虎圖片被稱不像時，江的回覆較為曖昧，讓人誤以為該圖片是親自繪製，同時康熙字典體未授權是比較基礎的問題。

　　這整起事件中，她比較錯誤的反應在於當天的直播道歉。她總共直播一個多小時，但是談論的議題都是重複的，就是她這次有做許多功課，訪問當地居民等等，這個石虎是她用英文 Leopard Cat 搜尋找到的圖片，她很抱歉造成困擾等等。

　　這個直播的道歉操作並不好，其實當下情況以簡短書面形式聲明較佳，讓大眾較容易抓到重點。因為大眾不會真的看完一小時鬼打牆的直播，而直播的片段經過剪輯，也可能被導向其他的情況。

　　假設發布書面聲明，並且能跟觀光局與設計團隊共同召開記者會回答記者問題，說明情況，解答疑慮，同時提出補救措施，這會是比較好的方式，也能為整起事件及媒體報導設下停損點。江孟芝在直播道歉後因為網友抨擊壓力而關閉相關社群帳號跟網頁，又讓事件不斷發酵，給人「作賊心虛」的感覺，而且任由輿論不斷野蠻生長，進展到更嚴重的態勢。

　　　　　　　　　　　　　　　個人品牌

基本上，非屬政治層面的突發新聞議題，相關討論不會超過一周。如果江在當下設立停損點，公開解釋清楚，也不選擇關閉臉書，結果會不一樣。就是因為這四天的神隱，讓話題不斷發燒，討論持續不絕。四天後，江的那份聲明其實還滿不錯的，顯然有經過高人指點，首先提出了道歉，並表示要捐出設計費用為公益盡心，最後用「會繼續為台灣努力」當總結。可惜的是，該份聲明最後警告網友不要再造謠或人身攻擊，以免法律問題。這樣又讓許多媒體把報導重點聚焦在「江要告網友」這件事情上。

　　Ptt 鄉民也沒有因此收斂，簡直像是受到刺激似的，繼續攻擊江孟芝。如果這份聲明抽掉了「告人」那部份，而且在事件第三天，也就是江孟芝直播道歉的當天發出，效果會比較好，也較能止血，讓事件不會越演越烈延燒將近兩周。

　　這整起事件來說江孟芝也不至於個人形象全毀，因為她的紐約視覺設計碩士跟國際獎項都是真的，個人還是有一定的實力跟社群基礎。只可惜處理這次的危機問題上較為生疏，加上暴紅太快，事件發生距離她一夜成名的時間也近，大眾對她印象深刻，導致成為公眾話題不斷延燒。

　　但我覺得，假設她能妥善面對此次事件，提出總結教訓，並繼續保持正向態度，仍有機會可以力挽狂瀾，重建個人形象。我相信江孟芝不會因此一蹶不振，反而會在不久後復出。

整起事件中，有兩個人的處置相當得宜，讓整起事件往喜劇結局收尾，那就是俄羅斯插畫家卡佳跟交通部長林佳龍。插畫家卡佳知道事件後，雖然表示意外，但沒有譴責任何事情，反而主動繪圖要贈送台灣。林佳龍也在原本觀光局婉謝、引發民意反彈後，出面聲明將採納並且邀請俄國插畫家來台，反而促成一段跨國友誼，淡化了原本的爭議。

另一個值得注意的是，壹週刊到事件爆發近一個月後，仍持續報導，並且對江孟芝自述出身貧苦單親家庭的故事提出質疑，甚至質疑其與政府的關係。我們也可以發現，當個人知名度上升到全國等級後，媒體的關注讓人感受到無比的壓力。江孟芝本身並不是壞人，不應該受到這樣排山倒海的攻擊，但是當前的網路跟輿論生態的確對公眾人物非常嚴苛，這也是我們值得警惕的，就是「全國性的知名度不見得是好事」，相應的風險也高。

加分的道歉

冏星人跟江孟芝的案例都是「還可以更好」的案例。接下來要講的則是十分完善的對應措施，可以說成功將危機化為轉機，讓自身形象更加分。那就是阿滴英文的實習生事件。

阿滴是知名的英語教學 YouTuber，跟滴妹陽光正向的形

象有超過 200 萬死忠粉絲支持。除了線上社群外，阿滴也出書、出版英語教學雜誌以及網路訂閱服務等等，擁有堅強的幕後教學與編輯團隊，不同於一般娛樂型 YouTuber。

2019 年 8 月初，一篇黑特阿滴英文的爆料文出現在大學生匿名論壇 Dcard。發文者是一位實習生，身為阿滴粉絲，所以報名實習生計劃，結果實習內容只有重複「打中文逐字稿、上字幕、回覆訊息、校稿」等打雜工作，與招募時說的創意發想不同。該實習生還說，因為應徵上另一份正職的關係，僅能實習兩個月，不料阿滴在一個月後因沒通過試用期而解雇他。

這篇發文起初引發熱烈討論，許多人因此退訂閱阿滴，批評他是表裡不一的慣老闆，更有數百則用詞強烈的譴責留言。對此阿滴很快速的在原貼文串下方留言致歉，表示這期實習生他沒有直接帶領，未能即時掌握每個實習生情況。他還解釋，實習的制度通常為半年到一年，前期都是基礎庶務工作，後期才會參與創作；他也有與當事人溝通誤會，當事人也了解且接受道歉，重新發文表示事件落幕。

過了幾天，阿滴在書面形式後再以影片方式道歉，詳細敘述來龍去脈、與實習生當時的互動情況，以及為什麼會解聘，同時承認自己對勞基法不了解導致錯誤，並且與當事人溝通過相關事宜，願意彌補改進。阿滴的這篇道歉影片有將

近兩百萬點閱，6.6 萬的按讚支持，僅有 1.9 萬表示不滿。大多數的留言都是讚許阿滴願意與當事人溝通道歉並且承諾改進制度，甚至很多路人還經過這次事件轉為粉絲。

　　阿滴在這起事件中處理得宜，讓危機成為轉機，形象沒扣分外反而讓人敬佩，有以下幾點原因。

1. 回應即時：阿滴幾乎是事情的當下就在該實習生的黑特文下方解釋，同時也積極的與當事人直接溝通處理。讓事件發酵成為鄉民攻擊其他不相干議題前，先有效止血。

2. 承認錯誤：整起事件中，阿滴並沒有責怪實習生在網路上毀謗其名譽，反而對於產生的誤會先自己承認真的有錯誤，也真心的向對方說明請求原諒，對方都了解其中癥結以及誤會，也願意為阿滴說話重新發文。

3. 承諾改進：經過整次事件，反省檢討團隊中的流程制度的疏失，承諾在未來規章上會更加嚴謹，舉出具體的彌補措施，避免這種容易產生爭議的情況再度發生。這樣給人勇於負責改進的感覺。

4. 感謝眾人：過程中除了道歉，阿滴也很感謝大家，無論

是支持或者批評的網友。他沒有號召百萬粉絲去攻擊「反對派」，而是自己概括承受，也表示這些批評指教有其合理性，讓人感受到他的風度。

我們可以看到，阿滴沒有先試著維護自己的名譽而進行防衛，搶著用辯解來合理化自己的行為，而是謙虛地承認錯誤，並且積極與當事人溝通。當他與當事人的誤會化解，外界自然沒有著力點再攻擊，同時他也向大眾自我檢討反省內部的疏失，給予公眾承諾，會記取教訓，完善相關的制度。

在其中我們可以看到阿滴跟滴妹的ＥＱ相當高，沒有因為大量的負面言論就亂了方陣，雖然過程中自己也身心俱疲，但仍願意勇敢面對。最讓人讚許的就是願意承認、面對自己的錯誤，也願意積極與當事人還有大眾溝通事件。

最重要的，是他的態度從頭到尾都很鎮定，沒有驚慌失措或者憤怒的情緒外溢。許多公眾人物在面對危機時會手腳大亂，讓情緒直接顯現，無論是生氣還是緊張，都會影響判斷力以及大眾對自己的印象。過程中也可以感受到，阿滴在危機處理時，是先跟團隊討論溝通過的，因此應對更加縝密。所以我們如果遇到這種網路上的公眾形象危機，也可以試著找幾個夥伴好友，當面坐下來研究一下局勢如何應對，會比自己瞎緊張、衝動亂回覆更有幫助。

章節重點回顧

1. 不要先設定人設去扮演,而是努力去成為你想成為的人。
2. 沒有人設就不會有人設崩塌,經營個人品牌不要裝成別人。
3. 做真實的自己,王八蛋也有王八蛋的市場。
4. 外部聲譽危機處理起來相較組織內更棘手。
5. 處理聲譽危機的步驟是:一、把握黃金時間;二、前後沙盤推演;三、親上火線降溫;四、給予未來承諾;五、開始重建名聲。
6. 遭遇網友攻擊時,不一定都要出面澄清,有時候特別回擊反而讓更多人知道。一般而言,在還沒有登上公眾討論(如 ptt、媒體版面)前,都不需要特別出面。
7. 出面道歉時一定要把握黃金時間,承認錯誤以顯示誠意,切記不要關閉社群帳號神隱。
8. 不要試圖怪罪或攻擊他人來顯示自己的合理性,這樣反而另闢戰場讓矛盾升級。
9. 如果是與爆料當事人有過節,解鈴還需繫鈴人,直接與當事人和解能讓事件快速落幕。
10. 面對政治議題要有敏感度。

思考討論議題

1. 你曾經遇過聲譽危機嗎？內部或外部？你當時怎麼處理？
2. 有沒有在公關處理上你認為十分好的公眾人物，能化危機為轉機的？
3. 假設未來你擁有相當的社群聲量，你認為自己可能遭受到什麼樣的攻擊呢？
4. 面對上述所說的假設情況，你有沒有應對措施？
5. 當你面臨聲譽危機，有沒有你能尋求協助的朋友？

第六章
自我對話找到使命

堅守核心價值

　　許多談論個人品牌的書籍與文章，都提到塑造個人品牌時，要先有人物設定。這個過程的確在故事行銷上有其必要，但與其特別設定出一個形象以塑造形象，我更建議釐清自己的目標，並思考「自己想要成為的人」，不要用人物設定的方式讓自己成為一個「演員」，而是要讓自己成為自己的理想人物，從內到外都符合那樣的價值，做最好的「自己」。

　　這一點，在上一章已經提過，但這裡再帶大家從四個層面進一步思考：

1. 個人願景：就是自己嚮往的前景：自己在什麼時間點達到怎樣的人生大目標、在專業領域上獲得怎樣的成就跟

影響力，創造怎樣的價值。

2. 個人使命：如果說願景是想去哪裡，使命就是從何而來，
   為何而戰。也就是我們個人給予自己存在理由的定義：
   在這個世界上想要承擔的責任跟義務是什麼？扮演的角
   色是什麼？

3. 職涯規劃：如果說使命是起點，願景是終點，那這兩點
   一線中間的路線安排，就會是職涯規劃。給自己三年、
   五年、甚至十年的一個構想，思考每個階段要達成的目
   標是什麼。

4. 人生價值觀：所謂的人生價值觀，
   就是人處理事情、判斷對錯、
   做選擇時取捨的標準。就
   是當你面臨選擇，自己
   更看重的價值。還可
   以細化到金錢的價
   值觀、管理的價
   值觀、道德的
   價值觀等。

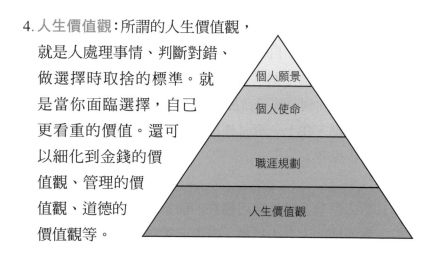

|

四者的關係如同前圖所表示。人生價值觀會是基石，我們要先確定核心價值，才能有一個行事的依據。這就好像一個馬拉松賽跑，比賽前要先確定規則，然後在過程中以之為圭臬，確保自己不會違規。接著要設定起跑點跟終點，起跑點就是使命，自己從何而來，為何而戰，終點就是願景，希望達到的境界。這兩點一線的路徑，則是透過職涯規劃來達到。職涯規劃是有彈性的，可以根據大環境因素轉變，但是起點、終點跟規則不能隨便更換，要從一而終，如下圖。

　　所以很多人的問題都在於這四者沒有完備，找不到自己核心價值觀，不知道個人的使命跟願景為何，這樣就容易受到外在影響而走偏，甚至迷失自我。很多看似在財富跟地位獲得巨大成就的人，最後不小心跌落神壇，成為法院傳喚對象，都是因為最初沒有思考清楚自己的使命、願景以及價值觀，或者設定了錯誤的目標。在願景上，是要思考到自己與

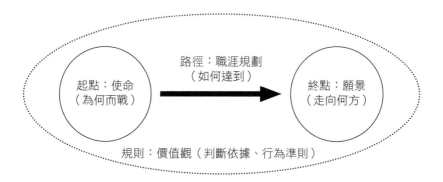

社會的關係，思考能帶給大眾的價值，如果僅僅為了自己財富名聲，那很有可能走偏。

如何找到自己的核心價值

在歷史的發展下，每個時代都有不同的「時代價值觀」。我們中學時期都學過，先秦時代諸國混戰，許多底層小人物只希望安身立命，一些知識份子則在尋找「平天下」的方法。為了這個目標，後來發展出了儒家、法家、墨家等等學說。到了漢代，儒家學說成為國家信仰中心，士大夫信仰的唯一準則。可是魏晉時分裂的局勢讓儒家衰弱，不問世事的老莊學說抬頭，開始了不著邊際的清談。

宋明以後，理學家建立了強烈的社會關懷思維，也建立起接近現代科學的格物致知觀點。清末因為列強侵略，西力東進，西方的許多理論引進中國。民國時期興起了許多放棄固有傳統、全盤接收西方學說的聲音。而今天的台灣，相較於過去戒嚴時期的「忠黨愛國」、「傳統倫理」，更多注重的是「自由民主」、「個人實踐」。

所以人性的價值觀是隨著時代不斷改寫的。西方也是，從希臘重視美德與民主，演進到羅馬的愛國與英勇，到基督教的博愛敬神，文藝復興以後的新思潮到啟蒙時代以後，各

個人品牌

種新主義湧出。每個人或多或少受制於所處時代的框架影響。

但有個價值觀似乎貫通古今中外，就是人們大多都在追求「財富」、「地位」、「名聲」。許多爸媽希望自己的孩子當律師、醫師、工程師等等社會地位好、收入高於平均的工作。而過去我們的教育更多的告訴孩子，只要成績好，就能進入這些傳統上認為會有成就的科系就讀。因此大多數的人根本沒有思考過自己的價值觀是什麼，只是追隨社會跟傳統的價值。

想找到自己重視的價值，可以從「反思自己的生命經驗跟觀察」為起點。我曾經受邀到新竹興隆國小資優班分享，那裡的孩子因為出身的家庭多半是竹科工程師，社經地位較好，但也因此多數孩子都只想繼承衣缽，跟父母一樣在科技業上班，賺大錢發大財。

當我問這群孩子未來想做什麼時，每個都說想進科技業，接著我繼續問原因，原因就是因為賺很多錢。而我拋出了一個問題時，孩子的答案就開始不一樣了：「如果你們已經很有錢很有名了，再也不愁吃穿，你們會想做什麼？」這時候有孩子想要踢足球當足球國手，有些孩子想做遊戲設計師，也有孩子說要當漫畫家等等。這些才是他們真正想做的事情。所以你也可以思考，假設你今天人生可以開外掛，再也沒有經濟或者其他負擔，你想做什麼？你重視什麼？

心理學家馬斯洛的需求理論認為，當人滿足基本的需求後，會開始追尋更高層次的東西。而前面所說的願景、使命、核心價值本身就是最高層次「自我實現」的定位。我個人認為，生理跟安全需求可以對應追求財富，社會跟尊重需求則可以對應名聲地位。所以說，除了「財富」、「名聲」、「地位」之外你想追求的，那就是對你來說最重要的事物，就能從中找到你的使命、願景以及核心價值觀。

　　要突破時代及社會價值觀影響，反思屬於自己的價值是什麼。有什麼東西，一旦你抽離「它」後，你再也不是你自己，不再是個完整的人？什麼是你堅守的價值與信仰？人家問你

馬斯洛的需求層次理論（1943 年）

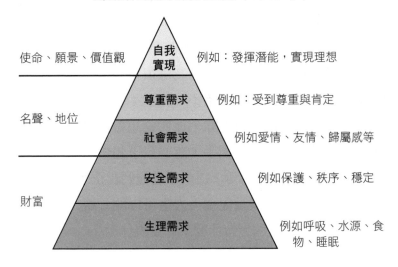

使命、願景、價值觀　　自我實現　　例如：發揮潛能，實現理想

　　　　　　　　　　　尊重需求　　例如：受到尊重與肯定

名聲、地位　　　　　　社會需求　　例如愛情、友情、歸屬感等

　　　　　　　　　　　安全需求　　例如保護、秩序、穩定

財富　　　　　　　　　生理需求　　例如呼吸、水源、食物、睡眠

想做什麼時，除了發大財過好日子、環遊世界外，你有沒有一套理論說明自己是誰，這輩子想要完成什麼？

比如說，你想要從事教學工作幫助弱勢孩子，那你的核心價值觀或許就是「教育」。或許你看不慣很多不正義的事情，總是想幫人討回公道，那你的核心價值觀就是「公義」。也可能你從小喜歡發明新事物，想創造能改變人類生活的器物，那你的核心價值觀或許就是「創新」。

做一個正直的人

對於我來說，我的核心價值觀就是「正直」。

我記得我小時候，有時候都會跟姑姑哭妖說我們怎麼這麼慘、這麼窮，沒有錢。姑姑都會很生氣的回我：「沒錢又怎樣？我們有去偷拐搶騙做什麼見不得人的事嗎？有給你飯吃就不錯了，嫌什麼？你不高興就去找個有錢的人養你。」

我姑姑個性情很剛烈，屬虎的她，在我幼稚園就常跟我說：「士可殺，不可辱。」她寧願一無所有，也要有「人格」跟「骨氣」，絕不卑躬屈膝。這對我的價值觀影響很大，從小我也是很強硬的人，甚至國中老師還懷疑我是不是有亞斯伯格症，很不能講道理。

我記得我第一份工作在公部門，有次出差報差旅費，從

台中到台北，我高鐵來回就老實的附上票據申請。後來主管退我件，告訴我：「則文你這樣報不對，你可以報自強號上去，然後在台北住一晚上，再回來。這樣你還可以多一千多唷！」

我堅持不要，因為我覺得我明明沒有這樣做，我也不缺這一千塊。主管堅持不讓我這樣報，因為「其他人都是那樣報」。後來我寧願不要報這個差旅費。

還有次，我們集團內由我代表事業群參與競賽，該次競賽有員工投票階段，於是聰明的同仁就從系統導出名單，用機器人程序自動灌票。我當時知道這件事情就非常生氣，於是跑去跟老闆說：「如果這樣贏得比賽我寧願輸，如果這就是公司的文化我就辭職。」還好老闆跟我是一樣性格的人，立刻制止這樣行為。

很多人可能覺得，這種無聊小事幹嘛堅持。我負責公司儲備幹部企業文化課程的時候，曾有同仁問我：「如果上司要求做不法的事情，不做可能影響未來前途怎麼辦？」我當時立刻回答：「這有什麼好說的，舉報他啊。如果公司有這樣的高管，而公司還不處理，那你不如辭職。」

很多人都說我是很有才華、聰明的人，有些人也會說我是大帥哥。但比起這些評價，我更希望別人說我是「一個正直的人」。我大學最好的朋友之一孟翰曾經跟我說：「小樹，雖然你平常風格嘻笑怒罵滿不正經的，讓很多人不了解你，

但是我覺得你是我這輩子遇過最正直的人之一了。」

這是我這生最喜歡的評價。我一直相信社會上有很多不公不義，就是因為有人拿了他不該拿的，做了他不該做的。簡單的說，就是為了自己利益出賣他人或者群體利益。這種人或團體就像癌細胞一樣，最終可能吞噬整個整體。

為了自己利益出賣他人或者所屬群體權益的人，這樣的人事物都是毒瘤，都應該被譴責跟抵制。這就是我的核心信仰，沒有「正直」這樣核心價值的任何企業或者任何單位，必定會走向衰亡。

言行要合一

堅持核心價值的另一個重要原因，就是我們要言行合一，行為要與我們所說的話符合，不然就是個騙子。為什麼很多政治人物最後會被鄉民嘲諷而形象崩潰，摔落人間？就是因為花言巧語騙得了一時，但是時間能夠檢驗你是不是如同自己所說的那般勤政愛民。

要重視承諾，並堅持自己的核心價值，堅定自己的使命願景。因為「這個世界沒有真正的祕密」，不會有什麼只有你知道，能永遠藏在你心中的事情。

我在大學的時候常擔任講師，演講的題目包含簡報技巧、

活動規劃與社團領導等等針對學生族群的課程。其中在社團領導的課程中，我也是用使命願景跟核心價值觀的理論去闡述，要同學們在組織中思考自己為何而戰，同時要保有正直跟善良作為根基。對很多大學生來說，這種內容可能就好像滿嘴仁義道德、禮義廉恥的老爺爺那樣。

有次我騎著機車在學校管院大樓停車場，準備走到文學院的綜合教學大樓去上課，那時候我已經遲到，停車場跟大樓附近都空蕩蕩四下無人。那天風颳得特別大，我把機車鑰匙放到口袋，不小心就把口袋的垃圾扯了出來，掉在地上被風吹跑了。我看了一下，是剛剛在便利商店買的飲料吸管的塑膠套跟發票。我站在那停一秒，看了一下，想說既然已經遲到了，也不著急去教室，那還是把垃圾撿起來好了，於是在風中開始追逐那一小團垃圾。

結果風又颳起來，我又追上去，來回幾趟好不容易把垃圾撿回來，放回口袋，想想還滿滑稽的。當我準備走進大樓時，一個人在後面把我叫住，他喊道：「小樹！」我一回頭，這個人很面生啊，感覺不認識，但又怕是什麼活動見過的人，我就笑笑說嗨。

原來，他是聽過我演講的一個社團咖，他介紹完自己以後說：「我現在相信你在台上演講的東西是真的了，剛剛我就一直在這，從頭到尾看著你會怎麼處理那飛走的垃圾。」

當他講完這樣的讚美以後，我是一點高興欣慰的情緒都沒有，反而瞬間是寒毛立起。看起來人真的不能做壞事。

如何知道事情是否正確

回到我們先前說，到底要怎樣堅守自己核心信仰呢？其實每個人的核心信仰或多或少不一樣，有人可能重視家庭，有人以事業為主。每個人關注的議題也不一樣，或許是環保、健康、教育等面向。但是有一個準則絕對普世通用。那就是谷歌的企業座右銘：「不作惡。」（Don't be evil）

這是谷歌的經營理念。在 2004 年的公開招募書中谷歌創始人寫了一封信稱：「不要作惡。我們堅信，作為一個為世界做好事的公司，從長遠來看，我們會得到更好的回饋——即使我們放棄一些短期收益。」這部份的文字後來成為知名的「不作惡宣言」，也成為谷歌有名的企業核心價值觀跟對外形象。

其實這是非常基本的道理。每一個人從小都被教育不要做壞事，不要損害他人利益，要努力幫助別人，造福社會。所以我們也可以把這個當成我們行為的標準。

要怎麼判斷我們的行為是不是正確的？很簡單，假設你現在做的事情明天登上報紙頭條讓全國知道，大眾會怎樣評

斷，你就知道要不要做了。如果是大眾會拍手叫好鼓勵的，勇敢去做，如果會被譴責，那你就在假設一定會給人知道的前提下，停止可能做出的壞事。這並不是要我們沽名釣譽，每件事情都好像要做給公眾看，而是要面對自己的良心。

當別人認識你時……

當我們經營個人品牌到一個程度，有些人開始知道你，你就開始成為一個「微公眾人物」。因此在公眾視野下，你也可能像政治人物或明星一樣，被人認出。我自己就有幾次這種經驗，有次我在青年旅舍 check in，櫃台看了一下我的護照，愣了一下，開口問我：「你是在網路上寫文章的何則文嗎？」當下我說不出話，那時候我還沒出書，粉絲頁也只有兩三千人。

還有次我在桃園機場報到後，在摩斯漢堡準備買東西吃等登機，排在我前面的人不經意回頭看了我，突然盯著我上下打量，一開始還讓我覺得是我長太帥還是怎樣，結果對方開口「你是小樹嗎？」我愣住了。小樹是我大學的綽號，但我當下在腦海中仔細搜尋，並不記得在學校看過他。結果竟然是我文章的讀者，在網路上看過我的照片，覺得面熟所以問我。後來我跟他坐下來聊了半小時，他也在海外工作，準

備回派駐地。我們交換微信，之後還有聯繫。

總而言之，我們一定要有明確的使命、願景跟核心價值觀，知道自己什麼時候能做什麼，什麼時候不能幹嘛。同時，這是一個沒有秘密的時代，千萬不能表裡不一，不能表面道貌岸然，私底下花天酒地。

說到花天酒地這件事，特斯拉汽車的馬斯克有很多荒謬行徑，但是大家不會特別責怪他，因為他一直都是那樣的花花公子鋼鐵人形象。這時代的形象塑造不應該以聖人為目標，而要成為一個表裡如一的「真人」。

假設你是個王八蛋，那就大方當個王八蛋，王八蛋有王八蛋的市場。否則你就改變自己，由內而外成為一個新的人。千萬不要假扮成不是你的別人。像我就很大方承認，我是個雞巴人（我也從來不是什麼溫良恭儉讓的好學生），學生時代就認識我的許多老朋友或者跟我緊密合作過的人，都說我某方面討人厭程度跟賈伯斯有得比（就是讓人又愛又恨），我也在很多文章裡自揭這些有趣故事。所以千萬不要「婊子還想立牌坊」，想搞個漂亮人設套進去，絕對最後被揭穿。你不妨大方承認過去黑歷史，洗心革面，來個浪子回頭金不換。重點是，要有你的道德標準，同時以正直、不作惡這樣的普世價值作為根本。

信念的力量

2013 年我大學畢業典禮時，當時來演講的是王品集團戴勝益董事長，他也是我很敬佩的企業家，那次的演講他提到薪水沒過四萬錢不要存錢的理論，引起了媒體跟社會大眾熱烈討論。

我們系上的座位安排，就在中興大學惠蓀堂的最後面（那是台中最大展演場地，能容納六千人）。當時我沒有智慧型手機，只能一直跟學妹借手機來滑。我看著台上的戴勝益，突然起心動念：有天我也要上台，與學弟妹們分享。

電影般的心想事成

想不到六年後的寒假，中興大學的薛富盛校長邀請我回母校跟他聊聊。他告訴我，希望我當那年的畢業典禮演講嘉賓，他認為過去找成功名人演講的模式不如找年輕校友更貼近學生。就這樣因緣際會，我成了中興大學創校百年畢業典禮的致詞人，那篇演講總計有 8 家媒體轉載。

那次經驗讓我覺得實在太不可思議了，想不到我曾經認為很瘋狂的想法竟然成真，而且我也不是什麼得過國際大獎的台灣之光，只是個在網路寫寫文章、在一個大企業當小主

管螺絲釘的普通年輕人。

　　這又讓我想到，我畢業後進入公司也曾想過，希望自己明年已經可以當主管帶領團隊。想不到，在進公司一年以後，我的老闆 Vicky 成立了一個新單位，就問我願不願意接下挑戰，擔任這個團隊的領導。

　　剛出社會不久，愛看書的我常常假日泡在誠品，什麼書都瞎看。那時候我 23 歲左右吧，我也給自己個想法：有天我也想寫幾本書，系統化我的思想體系跟大家分享。不料這想法萌發後，不到 3 年，我就因為網路專欄文章被出版社看到，來信問我有沒有合作意願，因此出了第一本書。這樣一寫，也寫到第四本了，前三本也都賣得還不錯。

　　而在 ITI 念書的時候，我每天都會逼自己在圖書館看海內外的財經雜誌、經濟相關報紙，中文就是《天下》、《遠見》、《商周》、《今周刊》四大刊每天這樣翻閱。心裡也想著，要是有天啊，我也能成為這些大雜誌的受訪者，寫個專題報導，不知道什麼感覺。結果就在我 29 歲的時候，這竟然也成真了。

那本影響我一生的書

　　我常想，沒有特殊背景的自己，為什麼可以「心想事

成」。我學生時代有一本書影響我甚鉅，靠著它裡面所提到的精神，讓我真的實踐了許多事情。而這本書算是「古書」了，它叫做《信念的力量：開發你的內在能量，改變自我，逆轉人生》，英文初版於 1932 年，作者的意圖是想安慰經濟大恐慌時期絕望的人們。這本書在戰後重新出版，變成長青暢銷書，可以說是心理勵志書的老鼻祖。

而這本書主要的精神就是，每個人都可以成為自己想要成為的那個人，過想要的生活，但前提是要懷抱信念，敢於改變自己，敢於夢想。當對自己的信念越堅定，就越能達成了不起的成就。

當時看完這本書後深刻地影響了我，讓我很敢於夢想設定目標，並且堅定信念，努力達成。書中許多故事我到今天都記憶猶新，書的理念也成為我人生的核心信仰之一，就是人可以成就任何事情，只要願意相信自己跟努力實踐。

2018 年底，我和遠流出版公司合作推出了半自傳性質的書《別讓世界定義你》，跟負責的編輯聊天才發現，那本影響我甚鉅的《信念的力量》也是遠流出版的。更驚人的是，當年經手這本書的編輯，就是後來負責我書籍的編輯。這讓我驚覺，人生背後好像有種安排或牽引，當你投入信念，以善良跟正直對應，世界也會給予幫助，讓你達成目標。

五個強化信念的方法

在《信念的力量》這本書中，作者克勞德 · 布里斯托（Claude M. Bristol）提到了五個讓人能心想事成、強化信念的方法，分別是：

1. 暗示法：在每天睡覺前，與自己對話，思考今天做得好的地方，以及做不好的地方，反省總結後告訴自己：明天一定要過得比今天好。要避免之前犯過的錯誤，成為更好的人，每一天都超越過去的自己，即便遇到挫折也是會越挫越勇。

2. 投射法：篤定、認為、相信所遇到的每一個人都是好人，能為我們生命帶來幫助，他就會變成好人。即便他可能欺負我們，讓我們痛苦，請永遠記得：我們投射出甚麼想法，就會得到甚麼。所以當我們反過來相信，即便是辜負我們的人也能讓我們成長，那就能得到正向能量。

3. 鏡子法：在早上梳洗或者晚上洗澡時站在鏡子前看著自己，不斷告訴自己：「我一定能有出色的成就，世界上沒有力量能打敗我。」「我就是最棒的。」「我能夠成

為對社會有正面影響力善良而正直的人。」「我是個大帥哥。」只要不斷這樣魔鏡說，意識就會帶來改變。

4. 卡片法：將自己想成就的事物，具體的寫下在卡片上，放在背包、皮夾甚至藏在手機殼中，抱著強烈的正面想法，永遠想著同一個結果，最後一定會長成一股強大的力量，進而找到方法，突破萬難。

5. 想像法：心懷堅定目標，在腦海中清楚看見渴望畫面。比如想要買人生第一棟房子，不要只想到房子，要具體的觀想自己看房、申請房貸、簽約、交屋、裝潢、入厝的每個環節的場景，腦中有鮮明的畫面印象，努力用最短的時間與最少的體力實現目標。

人生就是要贏 規矩由你來決定

這時候大概有些讀者要疑問了，這不是一本談個人品牌塑造經營的書嗎？怎麼變成像一個直銷人員自我激勵的手冊了。且聽我娓娓道來，當我們設定好核心價值觀、願景、使命跟職涯規劃後，就要實踐它，不然就只是停留在腦中。但實踐的第一步必須要先相信自己可以成功。就像一個比賽，

雙方勢均力敵情況下，有一方卻壓根不覺得自己會贏，那在他們士氣萎靡、另一方積極求勝的情況，有可能贏嗎？所以第一步，不管要做什麼，一定要相信自己，有堅強信念。

　　人生本來就像一場比賽或遊戲，而我們最大的競爭對手其實就是自己，目的就是為了贏，贏的方法就是不斷超越自己的目標。所以塑造個人品牌不會是我們要的結果，它是過程跟手段，至於最終的目標是什麼，每個人定義不一樣。如果沒有搞清楚這樣的邏輯關係，只追求更多的粉絲、流量，還有好名聲，只會讓自己陷入老鼠賽跑般，不斷向前卻不知所為何來。

　　對於我來說，我的核心價值就是「誠信」、「正直」、「善良」，這會成為我行為的標準，我的使命就是希望能讓自己為世界帶來正面的影響力，世界因為我而不一樣。我的願景就是希望我可以藉由在工作上的努力表現獲得成績，寫書演講分享，讓更多人找到目標跟方向，幫助到需要幫助的人。

　　而為什麼我會這樣想呢？小時候我家裡環境不好，繳學費時常常需要姑姑去拜託親戚在經濟上支持我們（詳細故事可以參閱《別讓世界定義你》）。其中幫忙我們最多的就是我的二伯，二伯總會偷偷塞錢給我們，我的學費、生活費幾乎都是二伯跟我的三姑姑、六姑姑支持的。

　　有次撫養我的姑姑（四姑姑、五姑姑）要我打電話給二

伯謝謝，我害羞的撥通電話後，告訴二伯我很感謝他，長大以後我如果賺錢，一定會回報他的。他很帥氣的告訴我，他不需要我的回饋，他也不缺錢，如果我有能力，以後去幫助那些需要的人。那時候我還沒有 15 歲，這段話深刻地影響了我的人生，我希望透過成就他人，讓自身的存在更有價值與意義。

信念不忘初衷

有一次在台中潭子教書的興大學妹思嘉問我：「為什麼願意犧牲自己假期到處演講呢？」我告訴她：「只要哪裡的孩子有需要，我就去哪裡。」

這就是我給自己的人生目標，努力成為更有影響力的人，努力去對他人有好的影響。我每次返台時的休假，都排滿了各個學校機關的演講，回來十天，最多可以排到十五場演講，幾乎每天都有兩場。一年下來，也能去到 50 或 60 個單位了。邀請我的大多是公家單位，而大家也知道，公家單位的講師費只有那樣。

有些學校老師很客氣說：「何老師不好意思，我們公立學校的講師費只有這樣，希望您不介意。」我總是說：「不會啦，我來分享也不是為了錢的，只要我的分享能幫助同學，

要我倒貼來我都願意。」

　　我一直覺得自己相當幸運，雖然我父母離異，過去也是中低收入戶，由兩位年邁未婚的姑姑撫養，也曾經叛逆鬧事，但是以這樣家庭背景出身，我因為比別人聰明一點點，遇到很多貴人老師給我提攜指點，這都讓我心中常懷感恩。而回饋的方式，就是盡力讓自己有能力幫助更多人，並且不斷的透過各種方法，相信自己可以做到。

你死了以後

　　而個人品牌塑造，表面上是要讓自己獲得名聲，取得更高成就，但實際上也是一場人生自我價值的追尋之旅：你希望別人怎麼看你，自己又為世界留下一些什麼。我們每個人都十分渺小，全球近七十億人口，如果想想古往今來曾經活過的人們，那可能是數百億，從這個數字來看，我們簡直跟大腸裡面的細菌沒兩樣。

　　肉身終將滅亡，是否有來生也不可知，我們所有的成就都會轉眼成空。不要說清朝，光是民國五十年台灣的首富是誰大家都不知道了。人生就像不斷的浪潮，當我們踏上巔峰，馬上有新人來打破紀錄，然後成為歷史中的一行字而已。

　　所以我們這一生要留下什麼呢？再多的財富跟名聲，最

終什麼都沒有。這不是要我們很悲觀的成為一個虛無主義者，而是要從更高的層次去思考：我們為什麼要建立個人品牌？我們又希望留下什麼？想當網紅而已嗎？世界上已有成千上萬個追蹤人數破十萬的網紅了。還是想要獲得財富呢？即便賺個兩千萬好像可以退休，其實連比佛利山莊的豪宅廁所都買不起。

但是人死留名，即便我們在這世界上只有短暫的八十年，也可以留下對世界的遺產，持續影響這個世界。就好像德雷莎修女，雖然已經不在人世，她對人的關懷、她的故事以及她的精神，會世代傳承，影響更多人，所以她沒有枉費人生走這一遭。

我們也一樣。我們希望自己臨終以前怎樣回顧自己的人生？他人會怎樣看待我們的功過？這些都是現在就可以、也應該思考的問題，而透過思考這些問題，我們能進一步找到塑造個人品牌的方向、目標，同時也能有正確的觀念。我們不是要追逐個人品牌，個人品牌是一個過程、方法，它為的是完成你真正想完成的事情。那些事情並不是只有單純的名聲跟財富這些稍縱即逝的東西。至於是什麼呢？只有你能找到那個解答。

意識決定世界

　　為什麼我會說光靠著信念就能成就事情呢？這不是痴人說夢，我們來講講科學。

　　先說說量子力學，量子力學就是微觀世界的物理學。微觀世界跟宏觀世界有巨大的差異，比如今天你在房間裡面有一堵牆，你肯定穿不過去，但是在微觀世界，粒子卻能穿過這堵牆；在路上你看到一個人走路，你能很肯定他就在你面前活生生的存在著，但在微觀世界，連事物在不在都不能確定，而只是一個機率，可能在那，也可能不在。

微觀世界的不可思議

　　相信你已經聽矇了。我們來談談中學都學過的電子，電子圍繞著原子核轉轉轉，好像有一定的軌跡。但是科學家發現，這電子只有在我們觀察的時候，會出現在那，當我們不去看它，它就不知道消失去哪了，它可能會在任何地方，它的位置變成一種「機率」，各種狀態叫做「量子疊加態」。如果很多人觀察，還會發現它同時出現在好幾個地方，這就更不可思議了。至於剛剛說的微觀世界的粒子可以穿越牆壁，這被稱為「量子穿隧效應」。

這麼難以理解的情況，很難讓人相信是紮紮實實的物理實驗結果。所以知名的科學家查理・費曼也曾說過：「我幾乎可以說沒有人能了解量子力學。」

2018 年底，許多記者詢問台北市長柯文哲是否會參選 2020 總統大選，當時柯文哲回了一句「我最近在研究海森堡測不準原理」，這句話把大家搞的丈二金剛摸不著頭緒，卻勾起了我高中的記憶。

高三上的課本就提到過這個「海森堡測不準原理」，是指我們無論用任何方法都無法同時得知一個粒子的位置與動量。

簡單的說，假如想知道一個電子的位置，我們就必須借助其他觀測手法，例如打出一束光去碰撞電子，再借助光的反射得出電子位置。可是問題是，一旦打光，光也給電子施加了動量，電子因此會跑掉，所以即便看到了電子位置，但實際上電子的動量已經改變。

柯文哲提到這個，或許是說媒體跟大眾的觀察過程中，本身也參與其中，也可能因此改變局勢，讓其難以預料。這些都圍繞著一個議題：如果隨著觀察的本身意念，被觀察物隨之被影響，那這世界有絕對客觀嗎？

既死又活的薛丁格貓

再來說說一個著名的思想實驗「薛丁格的貓」。我們把一個貓咪放在密閉的箱子，裡面有個毒氣開關被原子核的狀態控制，有 50% 的機率開啟，另外 50% 啥事情都沒有。在我們打開箱子前，我們不會知道貓咪是死了還是活著，但又如同早先說的，在我們觀察前，量子的世界都處於不確定的狀態。

所以這個薛丁格的貓，從量子力學的角度來看，在我們真的去觀察之前，牠都處於一個同時又死又活的「疊加態」，直到我們打開箱子，才確定牠死活，這結果也就是「單一塌縮態」。這就是量子力學最讓人難以理解的部份，到底什麼是既死又活的疊加態？而觀察的動作才是決定貓的命運的關鍵。

但我們如果站在貓的角度呢？貓在盒子裡面，牠能看到毒氣有沒有打開，在牠的角度，絕對不可能有什麼既死又活的「量子疊加態」發生。為了解釋這個矛盾，1957 年科學家休‧艾弗雷特（Hugh Everett）提出了「多世界詮釋」。他說當觀察發生時，量子並不是從疊加態變成塌縮態，而是兩個機率分裂出兩個平行世界。這兩個機率都有了結果。

到這大家可能更不能理解了，用更簡單的解釋，就像投

硬幣，不是正面就是背面。當我們把硬幣往天空擲出，在空中翻轉時，這時候就像量子的疊加態，它既是正面也是背面，機率一半一半。只有當我們把它用手蓋住，打開確認時，才知道到底是正面還背面。雖然我們都知道投硬幣正反面機率都是五成，但當我們確定它是哪面時，從事後看這呈現的一面就是 100%。那另外 50% 去哪呢？多世界詮釋就是說，另一個可能從來沒有消失，它分裂成為另一個世界了。

如果這個理論為真，那代表所有機率都發生了，在另一個世界你上了哈佛，在另一個世界你中了樂透……這些都存在的。那什麼決定我們現在身處哪一個世界？或許，是你的「意念」。

你的意念創造你的宇宙

平行宇宙在很多文學、影視作品都有出現。看似天方夜譚，但其實多世界詮釋曾被許多科學家提出過。量子力學之所以讓人難以理解，是因為它最後都導向一個近乎神學的結論，那就是這個世界沒有古典物理學中那樣絕對的空間時間概念，沒有絕對的客觀跟測量準則，而是觀察者本身，會影響觀察出的結果，也就是「意志決定了客觀世界」。

從哲學的角度思考，也是如此，我們這一生都只能從自

己的眼睛看出探索這世界，透過自己的感官去解讀、認識世界。今天假設有個人是先天色盲，那他的世界就沒有顏色，他也就不能理解色彩，色彩對他的世界就等於不存在。世界的建構並不是由外而內的，不是所謂的外在客觀世界給我們訊息，由我們做出完全正確的解讀。而是由內而外的，是我們透過自身觀察的方法，決定了世界的樣子。

1960 年代分析哲學的大師希拉瑞・普特南（Hilary Putnam）在其著作《理性、真理和歷史》談論一個瘋狂的假設實驗：把一個腦子放在培養液中，接上電腦給它訊息模擬感官。對於這個腦子來說，它就好像在一個真實世界活著一樣，殊不知這些訊息都是電腦透過神經末梢傳遞給它的一個虛擬實境而已。

這個大腦永遠不會知道它活在虛擬中，因為它的感官是多麼真實。說不定你就是那個缸中大腦。這個概念後來被許多電影吸收，駭客任務就是一例。

所以什麼是真實，什麼是虛假？人生是實在的嗎？這個議題莊子在兩千年前就思考過，莊子夢到自己變成蝴蝶，那個感官真實到讓他覺得自己真的就是個蝴蝶在花園翩翩起舞。等他醒來時，他開始懷疑，會不會我這個人，其實是蝴蝶在作夢的內容呢？這延伸出一個哲學問題：「我們如何界定真實，如果夢夠真實，人很難知道自己在作夢。」

人生就像個大型線上遊戲

　　我小時候主機是 N64 跟 PS2，當時 3D 技術還很差勁，每個遊戲都活像《當個創世神》（minecraft）那樣有很重的方塊感。短短二十年，現在許多遊戲已經擬真到像在看電影了。甚至現在還出現很多 AI 可以模擬出真人講話，用擬真假影片讓許多名人可以講出他根本沒講過的話。再加上 VR 技術，到 2050 年，玩遊戲或許真的像進入另一個世界一樣，所有感官都能接收。

　　到時候，會不會像電影《一級玩家》，許多人為了逃避現實，每天泡在虛擬世界裡面呢？其實現在就很多人這樣了，但到那天，當電腦運算能力夠強大，達到每秒 1YB（1GB 的一百兆倍）的境界，那時候要模擬我們整個世界，或許也辦得到了。也有可能我們這個世界本身就是模擬出來的，只是一個未來中學生的科展作業而已。

　　講到這裡不禁讓我自己都開始思索人生的意義。難道我們跟世紀帝國遊戲裡面的村民一樣，只是個程式運算產生的虛擬人物？親愛的，這完全有可能，或許整個宇宙就是個巨大的超級電腦運算出來的世界。那我們要因為自己的渺小而感到謙卑嗎？不，我們要很高興。

　　這代表，這世界有無限可能，而我們在這世界就好像在

玩一個大型的線上遊戲一樣。這不是說你就可以放下一切道德的枷鎖開始在街上飆車假裝自己在玩俠盜獵車手，而是可以開始勇敢追逐自己的人生所求所想。

沒有懼怕，沒有擔憂

從宏觀的宇宙角度思考，地球小的不得了，光是銀河系就有幾千億以上像太陽這樣的恆星，整個宇宙又有幾千億個跟銀河系一樣的星系，這樣看人類真的渺小的可以。但從微觀的量子角度，我們又會發現意念可以影響客觀世界，意念才是創造我們世界的根本，這樣每個意志都顯得巨大無比。

如果能從這兩個角度思考，那麼人生也沒什麼好害怕的。被人拒絕、給人誤會、被老闆罵，都是多小的事情啊，都只是地球上七十億人口中每天生活的小插曲而已。不過這也不是要我們放飛自我，以後再也不理會世俗規範，做出一些像吃屎哥一樣的奇怪行為，而是要知道整個宇宙其實就是一個意志的整體。

很多宗教或學說，比如佛教的涅槃、基督教的永生、道教的羽化登仙或是儒家的天人合一，某種意義上都是要人回到宇宙整體的意志，知道自己在這個整體裡面共存共榮。這也與前面提到的，我們就像一個身體裡的許多細胞個體一樣，

跟其他所有人共同成為宇宙這個整體。而什麼能夠成就事情呢？那就是「相信可能」、「懷有感恩之心」，以及「愛」。

愛是宇宙最強大的力量，愛就是一種「因為存在而喜悅」，比如我們愛一個人或事物，就是因為他的存在而感到快樂，希望他一直存在下去。所有的偉人都是在提倡這樣的道理，宗教都要我們行善助人、常有慈愛，因為我們互為整體，而愛能讓世界完全。

這跟個人品牌有什麼關係？

寫到這裡，一定有人會懷疑是不是編輯把其他什麼宇宙玄學的章節放錯書了。這章節跟個人品牌經營有個毛關係？其實大有關係呢！個人品牌經營就是一種群我的溝通，一種自我的追尋。在建構我們對外形象的同時，我們也在找尋我們在社會的自我定位，要帶給這個世界怎樣的價值。

既然個人品牌建構的本質是一種群我關係的塑造以及自我認同的定位，那從更高更遠的宇宙格局思考，從最細小的量子角度觀察，這樣也不為過了。簡單的說，我們每一個人都可以成就任何事情，因為我們的世界都是由自己建構。但同時我們又都非常渺小，只有在宇宙這個整體中，與其他所有的萬物一起，我們才得以完全。而完全的方法，就是用

「愛」，愛就是真心的為所有事物的存在，感到喜悅。

　　從這樣的大格局思維，你會找到屬於自己個人品牌與整個人生的道路。英語有句話叫做 Answer your calling，calling（呼召）指的是上天給我們的一個使命。我們每個人在這個世界都有一個目的跟意義，找到這個命定去實踐它，就是屬於每個人的人生功課。而建設個人品牌，一定程度就是在尋找這個 calling。

　　現在，相信你已有不同的視野，可以看待人生跟個人品牌這件事情了。

章節重點回顧

1. 個人品牌塑造的重點不是「去扮演怎樣的人」，而是「成為你想成為的人」，並且發揮影響力，對社會帶來價值。

2. 這個過程中我們要先找到自己的核心價值觀、使命跟願景，再透過生涯規劃達到。

3. 價值觀可以想成遊戲的根本規矩，使命則是起點，願景是終點，職涯規劃則是尋找這兩點一線的最佳路徑以及實踐方式。

4. 「正直」是所有人都應該要有的根本信念，少了它不配被稱為一個人。

5. 言行合一就是正直的表現，也是個人品牌經營最重要的一點。

6. 想要成就事情，首先要相信，相信自己可以，透過「暗示法」、「投射法」、「鏡子法」、「卡片法」、「想像法」五種方法加強信念。

7. 思考自己死後要給世界留下什麼，以此形成個人目標。

8. 量子力學已經證實，意念決定客觀世界，我們能成就任何事情。

9. 相較宇宙，我們非常渺小，但是我們本身也是宇宙整體的一部份。

10. 只有「愛」能成就一切事物，愛就是「因為他者的存在感到喜悅」，進而願意為他人奉獻。

思考討論議題

1. 你想成為怎樣的人？成就哪些事情？為什麼？這跟你過去生命歷程有什麼關聯？
2. 你的核心價值觀是什麼？你找到屬於自己的使命跟願景了嗎？
3. 你是一個正直的人嗎？你有沒有做過什麼被別人知道會被唾棄的事情呢？
4. 你希望你死後大家怎樣評價你呢？為什麼？
5. 你認為的宇宙跟世界是怎樣的？

第七章

找到方向勇敢前行

定位自我展開傳播計劃

在前面的章節，我們談到了 PRADA 原則中的 P「專業技能」（第二章）、R「聲譽管理」（第三章）、A「人際網絡」（第三章），以及 A「危機預防」（第五章）。第四章則是談論如何利用「利他賦能」的精神來創造價值。有些讀者大概注意到，D「傳播計劃」這部份似乎沒有特別安排一章來談。現在你等到了。

如何宣傳我們自己，很重要的根基取決於我們自身的定位。每一種不同類型的人物的傳播計劃都有不同的規劃。我們在前面章節說過，在個人品牌經營塑造上，不要特意去設定一個人設，試圖套進去，那是偶像藝人的功課，一般人要

找到自己的「真我」，然後做最純粹的自己，同時把這樣的自己品牌化，行銷出去。

因此我們也要先知道自己屬於哪個類型。對於品牌，MBA 智庫百科給的定義則是：「品牌是用以識別生產或銷售者的產品或服務。」而創意導師符敦國則認為品牌就是：「告訴世界你是誰。」但在這個告訴的傳播溝通過程中，我們要先知道我們是誰。這部份我們在自我對話的章節談到，要思考自己的願景、使命、價值觀等等。

找到屬於你的角色原型

在這裡，我們要進一步的思考，自己在社會這個大舞台中扮演怎樣的角色。符敦國在《角色行銷》這本書中，引用社會學家喬瑟夫‧坎伯（Joseph Campell）與心理學家卡蘿‧皮爾森（Carol Pearson）等專家論述，整理出 12 種經典的戲劇角色原型，套用在不同的品牌、服務跟產品上。而這 12 個角色原型也可以應用於個人品牌的形象塑造上，我自己經過一些消化調整，得到了下表：

角色	性格	對應領域	對應網紅	解析
天真者	天真指的是單純的感覺,給人不食人間、與世無爭的氣質。	玩具、兒童	古娃娃、千千	兩者皆從可愛的外型或試吃影片起家,給人單純無辜感。
探索者	探索者是不畏風吹雨打,對事物好奇,想要去人所未及之處。	旅遊、戶外	木耀4超玩	木耀4超玩的一日系列上山下海,帶給觀眾不同職業的新鮮探索。
博學者	博學者有邏輯、知識,能彙整資訊並教導他人。	科普、科技	志祺七七、啾啾鞋	啾啾鞋以科普性質的影片起家,志祺七七用簡單的概念談論許多社會公眾議題。
勇猛者	勇猛者給人英雄氣概,強調力量、獎善罰惡、直接。	男性相關	館長	館長以健身起家,極具男性氣概,也對時事直接針砭。
顛覆者	顛覆者就像青春期的叛逆小孩,給人反骨的印象。	青少年相關	小玉、放火	叛逆的小玉、放火猶如青少年,無厘頭的影片獲得中學生喜愛。
魔法師	魔法師就像古代的巫師,讓人摸不著邊際,卻因此著迷。	創意產業	老高&茉莉	老高從量子力學談到外星人,從宗教談到神秘事件,很神奇。
平凡人	平凡人給人真誠、同理心,令人共鳴的親切感。	共享經濟	這群人	這群人透過系列生活的影片,搞笑中引發大眾的共鳴感。
情人	情人給人戀愛的感覺,或者讓人感到具有魅力。	女性相關	安啾	安啾可愛的形象,為她帶來大量男性粉絲。

開心果	開心果帶給大家歡樂，用搞笑的方式帶動情緒。	娛樂	蔡阿嘎	蔡阿嘎出道十年，是知名的台灣搞笑網紅，搞笑中又不乏知性。
照顧者	照顧者就像母親，連結到治癒跟教導的感覺。	醫療、教育	蒼藍鴿	醫生出身的蒼藍鴿將專業醫學知識生動地拍成影片與大眾分享。
創作者	創作者則是以創意不斷推出各類作品。	設計相關	Duncan	Duncan 在台灣網路插畫界中成就不凡，跨界合作許多不同領域。
統治者	統治者給人上層階級的高端性，具有一種權威感。	政治、金融	蔡英文	為了經營年輕人市場，蔡英文總統也積極的拓展社群聲量。

　　這十二種角色原型廣泛運用在各類型的文本創作，只要有故事，其中角色就可以對應到上列的原型。而原型也不是單一的，每個人都是立體的，或許有不同的角色同時存在。比如像網紅 Howhow，既像是一個魔法師，又像個開心果或創作者。我們也可以同時身兼數者，你可以是一個知性的理財部落客，有大學者、智者風範的感覺，也可以同時兼具雄性的威武，擁有勇猛者的風範。

　　在「告訴世界我是誰」之前，先要思考自己的定位，自己是怎樣的人，希望世界怎樣認識你。這時候可以開始回想自己的過往，學生時代或者在同事、同儕間，朋友說你是怎

樣的人呢？大家會想到怎樣的「人格關鍵字」？個人品牌推廣上，這樣的形象務必要跟那些跟你有強連結的人統一。不能表面是一個溫文儒雅的書生，私底下卻是江湖味十足的兄弟。如果這樣的話，也是一種表裡不一，很容易被踢爆。

所以我們要再次強調，經營個人品牌不是要你找到一個完美人設套進去「扮演」他，而是做你自己，找到自己定位，「成為」想成為的人，推銷這個真的自己。要讓「公眾我」跟「私下我」盡量趨於統一。

運用周哈里窗讓自己跟別人都更認識你

周哈里窗是企業教育訓練中常用的模型，透過兩個維度，別人所知跟自己所知交織出四個象限。

我們可以看到，如果說一個人的開放自我，也就是「自己跟別人同時知道」的部份都小，那很容易產生誤解。因為他人或許無法理解你行為的目標與原因，容易產生矛盾跟衝突。

舉個簡單的例子，跨文化溝通最容易出現「別人知道，我也知道」這個共同知道部份的交集很小。比如在印度，人家跟你約時間遲到 5 分鐘了，你致電過去詢問，他說快到了，這個快到了可能讓你再等一小時以上。又或者在越南，雙手

周哈里窗

別人知道

別人不知道

我知道　　　我不知道

1. **開放自我(Open Self)**
你自己與大多數人都認同的部分，也是所有人都能看到的地方。

2. **盲目自我(Blind Self)**
自己沒有察覺，他人卻看在眼裡的區域，也就是所謂的盲點區域。

3. **隱藏自我(Hidden Self)**
對外封閉的區域，這裡的訊息只有自己知道，他人無從得知。

4. **未知自我(Unknown Self)**
這個區域誰都看不到，像是未曾覺察的潛能，或是壓抑下來的記憶、經驗。

交疊抱胸是恭敬的意思，但不知道的台灣人會以為對方不耐煩，因此自己感到被冒犯了。假如不知道兩者語言思想的落差，可能讓你 7 pu pu，對方卻覺得你莫名其妙。

世界上許多衝突也是起源於這樣的誤會，所以有理解就有諒解。我們經營個人品牌的目的，也是希望他人可以更深入理解我們，同時也讓世界能認識我們是怎樣的人。

因此對照於個人品牌塑造，目標就是讓「開放我」盡量放大，縮小「盲目我」、「隱藏我」跟「未知我」。尤其隱藏自我的部份，如果與公眾印象之間有著巨大差距，往往會成為未爆彈。

個人品牌

找到全面自我

　　讓開放自我擴大的方式很簡單，就是自我揭露跟尋求反饋。自我揭露就是讓人知道更多的你，不管是你的工作哲學、人生思維、童年境遇等等，這些都有助於讓他人知道更全面的你，進而透過「理解」產生「諒解」。

　　而盲目自我的部份，則可以透過詢問他人的意見讓自己知道。一般人都害怕被批評，尤其台灣身處東亞含蓄的社會，即便對你有看法也多半不直接說。所以主動去問吧，找到在別人眼中你不知道的自己。

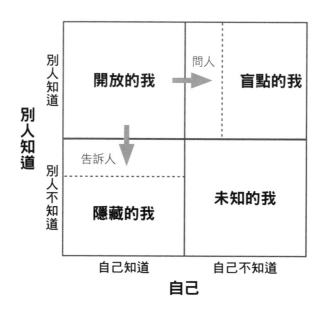

當「開放自我」越來越擴大，你個人品牌的角色原型也呼之欲出。「詢問親近友人以縮小盲目我」的這個過程中，可收到很多意想不到的反饋，這時候就要開始盤點自己哪邊可以加強改進。不一定是性格上的，或許只是你登台講話容易緊張，或者寫作時候常常用錯詞語等等。這些都能讓我們透過找到改進方案，成為更好的自己。

　　在進行自媒體寫作經營或者演說時，都可以適度的分享自己個人的生命經驗，讓受眾更理解你形成今天思想體系的原因，從而產生共鳴感。不要害怕揭露自己的「黑歷史」，只要不是「持續存在」的犯法情事，過去怎樣其實不會影響你的形象塑造。我自己就常在媒體上分享我從小到大的經歷，不管青少年時期叛逆跟教官老師對嗆，還是曾經受到言語的欺凌，或者自己欺負別人等等。這些過去都是你的一部份，如果要隱藏自己、裝成別人，人家才會欣賞你，那麼你的粉絲只是愛你建構出來的幻影，而不是愛你本人。

　　而我自己也常常問周邊的人，有沒有覺得我哪裡可以更好、需要調整。當你願意問，大家都會很樂意給建議，你就可以知道自己有哪些需要改變的地方。像我過去常常被說演說的時候講話太快，聽眾有時候跟不上，這部份經過他人反饋後，我就能有意識的去調整改變。

六大維度 找到自己定位自己

　　了解角色原型，並且應用「周哈里窗」的概念，擴大開放自我之後，你的個人品牌形象輪廓也將會越來越鮮明。

　　這個時候，我們就會得到以下六個元素，分別是：個人願景、個人使命、核心價值、人格關鍵字、專業領域、角色原型。透過這六點個開始分析自己「是什麼」、「為什麼」。我拿自己作為範例，做出下面的表，給大家看看我如何分析自己。

何則文的自我分析

項目	意義	分析 （表象 - 是什麼）	形成原因 （裡像 - 為什麼）
個人願景	你將走向何方 Where	成為能影響世代的分享者，帶來正面影響	因為我從小受到許多貴人幫助，認為報答這些恩惠的方法就是幫助更多人
個人使命	你為何而戰 Why	為了協助更多人找到人生方向	幫助他人的方法就是分享自己的經驗，讓大家用新的眼光看世界
核心價值	你的行為準則 How	正直、誠信、熱情	而對我來說正直這件事情最為重要，熱情對待他人也是

人格關鍵字	他人眼中的你 What	直來直往、熱於助人、好管閒事	我是很豪爽直接的人，也很喜歡幫助身邊的人
專業領域	你擁有優勢的地方 Which	青年職涯發展、人力資源創新、東南亞政經研究	我在業界工作，常去學校分享，對東南亞政經有業餘的研究
角色原型	你的形象定位 Who	探索者、博學者	好奇我的喜歡探索新鮮事，在別人眼中是一個有學問的人

以上就是我對自己的分析。現在請你拿出白紙，用這六個維度思考你自己：為何而戰？將前往何方？同時可以搭配我們前面說的信念成就法，讓這一切能有具體鮮明的畫面在心中。找到你是誰，會是人生戰略跟個人品牌經營的最重要基礎。

目標→執行方案

了解自己的形象定位後，我們應該關注的就是目標。目標可以切分為短中長期，所關注的要點也不同。一般來說，我們可以把目標規劃分為短中長三個階段。以下由大到小分析一下。

長期目標只需要一個大方向，比如這幾年比較注重的事務是什麼、想要成為怎樣的人、在什麼領域有大概如何成的成就等。中期則是要從長期目標中解構，思考達成長期目標的具體策略。而短期目標則是從這個策略中拆解節點。

　　同樣的，短中長期目標也要互相呼應，短期目標就像磚塊，中期則是梁柱，長期就是整個建構出來的房屋。我們可以從下圖大概了解三者的關係。

評估你目前的階段

　　這樣說似乎仍太抽象。具體而言，在制定目標的時候，我們要先知道起點在哪，然後思考起點與目標的距離，以及可能遇到的困難與挑戰，再透過「已知推未知」，規劃路線，接著實地執行。在個人品牌經營上，我們要先知道目前的程度，以及可以達到的下一個階段會是什麼。

下面這張表，是根據 PRADA 原則進行解構分析，你可以看看在不同維度中，你目前達到的情況是什麼。一般來說，如果五項總計達到 15 顆星，那已經有相當的個人品牌意識，20 以上則是本身已經經營的相當不錯。如果每個都滿分，已經是在領域上有相當成就的公眾人物了。

在個人品牌的規劃目標上，可以不斷朝著量表中的下一個階段前進。舉例來說，如果你的專業成就已經來到三星，也就是有組織外的人知道你，會主動請益相關領域問題，就可以將目標訂為四星的「機關主動邀請演講」，或者更進一步朝著五星的「參與相關獎項」前進。當然，這是比較簡單直觀的方式，你也可以制定屬於你自己的目標，不一定要完全為了關注在 PRADA 五大維度上。

根據 PRADA 原則衡量個人品牌的成就狀況

等級	專業成就	聲譽管理	人脈連結	傳播計劃	危機預防
★☆☆☆☆	有明確的領域鑽研中，有自己的書單。	曾思考過自己在他人心中的評價與形象。	工作場域中與他人互動良好。	想過如何包裝自己的形象，建立個人品牌。	思考過個人聲譽危機這件事。
★★☆☆☆	能力在組織內獲得領導或者同儕肯定。	周遭的朋友對你的性格與能力評價良好。	與求學時不同階段同儕保持良好聯繫，定期交流。	開始有計劃的經營自己臉書與領英網路形象。	能分析自己有哪些點，可能在未來遭受攻擊。

★★★☆☆	有組織外的同行主動前來請教相關領域的問題。	在職場中擁有良好的聲譽，建立優良的職場個人品牌。	會主動透過朋友認識其他新朋友，不斷擴展人脈圈。	在平台持續的產生相關的內容創作，分享專業經驗。	能分析公眾人物的公關危機處理之優劣，並歸納經驗，成為知識。
★★★★☆	學校、機關、企業會主動邀請分享相關領域經驗。	在組織外的人當中，享有明確的人格與能力關鍵字，能在搜尋引擎當中被找到。	加入專業性的社群，定期聚會，在專業領域中認識相關意見領袖。	有明確的個人品牌傳播計劃、可量化的目標與具體執行步驟。	想過自己如果發生聲譽危機時，可能的具體應對措施。
★★★★★	得到全國性或者海外的專業獎項肯定。	獲得主流媒體正面論述的採訪報導，在特定領域中眾人皆知。	不同行業別的知名人物會主動聯繫認識你，成為跨領域的樞紐人物。	在主流的平台上享有一定的聲量，並擁有相當影響力。	擁有相關領域的智囊團與資源，可以在發生危機時提供諮詢協助。

生活上的目標規劃：目標九宮格

　　一般來說，我認為個人的目標可以分為九個大類，分別是物質、家庭、專業、休閒、靈性、創意、人際、感情、健康。你可以開始思考，如果要你排序這九項的優先順序，你會怎麼排？也就是哪些項目你有具體想要達成的目標，每個項目的輕重緩急以及排序是什麼，這樣我們可以畫出一個九宮格

矩陣。接下來，我們就模擬出一個範例表。

物質	家庭	專業（學業）
想要買一台新車	與父母修復關係	過博士論文口考
健康	靈性	創意
減重 5 公斤	找到自己核心價值觀	去藝術中心學攝影
休閒	感情	人際
這個月去爬玉山	脫離單身	獲得同儕肯定

畫出這個表格以後，可以開始為每個項目進行評定，哪一個是你必須要排在最前面的，哪些又是可做可不做的。然後思考為什麼。這樣你就會得到一個排序表：

分類	項目	重要等級	原因
可做	Ex. 學業 - 過博士口考	Top1 最重要	不然六年博士 白讀了…
可不做			

透過這個排序表，你會知道當前哪些事情對你來說最重要，必須優先全力處理。這樣當遇到時間不夠或者壓力大時，也能評估哪些可以先擺一邊。這九個項目雖然看起來比較偏向生活，其實它們都與個人品牌息息相關。個人品牌不只是追求名聲外溢跟行銷自我，更重要的是透過塑造過程，找到自己定位，認識自我、實踐自我，創造生命的價值。而不斷設定新目標，實踐這九個人生課題，都可以讓你成為更好的人，進而帶出不同的個人品牌。

個人目標規劃 SMART 原則

上述的目標制定都比較籠統。一般我們在目標管理中制定目標時，會引用管理學大師彼得・杜拉克（Peter Drucker）的 SMART 原則，制定具體而可為的目標。在這裡提供我自己版本的 SMART 原則（可能跟一般流行的說法不同）：

1. 具體的（Specific）：目標必須對應到具體的問題，每個目標都是一個解決問題的行動方案。比如想要買車這個目標，想要解決的問題是沒車帶來不方便；若你在領域有一席之地，就是因為當前的情況不符合理想，中間的落差需要縮小。所以要先能具體說出遇到的問題是什麼，

再思考解決方案。

2. 可管理的（Manageable）：設定目標時，連帶的會帶出解決方案，這過程中要能確保解決問題與行動方案這兩者都是可控可管，也就是大多數的變因操之在手。如果設定的目標是中樂透，那就是不可控的。但如果是減肥，就可以透過飲食跟運動來控制，這都是自己可控可管的要素。一般的 SMART 的 M 指的是可測量 Measurable，但對於個人目標，並不是每一個東西都可以量化評核，所以我調整成可管理 Manageable。

3. 有雄心的（Ambitious）：在前幾章我們提過，想要有效的刻意練習跟增強自我，必須要跨越舒適圈。設定目標也是同理，它不能太容易達到，否則沒有實踐的價值。就像九把刀說的：「會被嘲笑的夢想才有實踐的價值。」目標還要結合個人使命、願景與價值觀。一般 SMART 的 A 是 Attainable（可達成的），但在此指的是個人目標，因此要更敢做夢，所以我調整成雄心 Ambitious。

4. 有資源的（Resourced）：雖然要有雄心壯志，但也不能不切實際，所以也要思考是否有相應的資源可以提供

協助。這些資源可以是很多形式，例如網路上的教學影片、人脈連結中的重要樞紐人物等等。先盤點自己手上有的資源跟籌碼，然後思考如何運用這些資源布局。可以假想：解決問題就像一場戰役，目標是攻克灘頭堡，手上有那些兵力可以使用。讓自己以戰略家角度思考。

5. 有時限的（Time-based）：每個目標在設定時，不能單純想目標本身，如同上述我們提到的目標九宮格，每個人在不同時期都有好幾個面向的不同目標。想要全部達成這些目標，就要思考先後順序、輕重緩急，哪個要先完成，哪個可以閒置，彼此間交互的關係是如何。

目標設定的具體策略

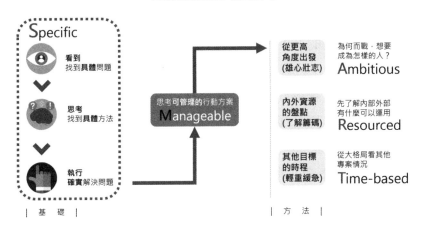

用 OKR 找到目標與關鍵結果

近期在企業管理上最火熱的目標管理工具就是 OKR，代表「目標和關鍵結果」（Objectives and Key Results）。這套系統由英特爾研發，谷歌引進後取得巨大成效，接著風靡企業管理界。現在亞馬遜、Adobe、愛迪達等等都使用這個目標管理法。

過去企業管理的 KPI（Key Performance Indicators 關鍵績效指標）要求有具體量化指標，以便評價是否達成目標。但常見的是指標量化了，卻沒有實際意義。比如目標是讓客戶喜歡這項產品，但在 KPI 的架構下，很難以量化模式去了解客戶是否喜歡，於是變成追求頁面點閱率。這樣為了追逐這個數字，可能特意將網站設計複雜，強迫使用多次點閱，這樣反而讓使用者討厭這個產品。

公家機關的 KPI 常常設定為完結公文的時間。但一份公文快速結案並不代表這個案件本身有妥善的處理完，相反地，承辦人員為了獲得好的 KPI 績效，可能迫於時間壓力草草了結，這樣的指標就成為問題。為了解決 KPI 這種自相矛盾的情況，OKR 因此而生。

OKR 的概念非常簡單，就是「目標」以及「關鍵結果」組成，通常一個目標搭配 2 到 4 個關鍵結果，每個關鍵結果

個人品牌

要能支撐這個目標，也就是兩者互有關聯，前者代表你想達成「什麼」，後者則是「如何達成」。這個 KRs 關鍵結果，不會只有「達成」跟「未達成」兩種結果，而是可以根據量化的達成程度進行評分。我們看看下面的假設情境。

目標
2020 年 Q1(季度) 前成為昆蟲科普具有網路聲量的領域網紅。
評斷標準如下：

關鍵結果
1. 個人臉書粉絲頁從 2000 成長到 10000
2. 在網路媒體平台文章總流量突破 30 萬
3. 推出 5 支以上 Youtube 影片，並至少有一支破 10 萬點閱
4. 獲邀至機關學校進行專題演講 2 次以上

假設這位虛擬的科普網紅在 2020 年底並沒有達成四個關鍵指標，而只達到一定程度，那他仍然有成績，可以根據比例轉換為分數，滿分為 1，結果如同下表：

原定關鍵結果 KRs	達成情況	轉換分數
個人臉書粉絲頁從 2000 成長到 10000	粉絲數 7802	0.7
在網路媒體平台文章總流量突破 30 萬	流量 19 萬	0.63
推出 5 支以上 Youtube 影片，並至少有一支破 10 萬點閱	2 支影片，沒有破 10 萬點閱	0.4
獲邀至機關學校進行專題演講 2 次以上	受邀 1 次	0.5

其實這樣的情況已經非常好，因為 OKR 在設定上需要有野心，如果通通都達標，那顯示這個目標非常容易達到。一般來說 0.6-0.7 是理想的範圍。至於如何轉換，要用比例還是制定不同的規則，這可以在設定目標時同時設立。

過程中，還要與大目標契合。我們可以制定年度、季度的個人 OKR，同時每個季度都有不同的 OKR，不斷設立新目標去挑戰跟突破。另外也要緊密的跟自己的人生大方向契合，也就是我們在前幾篇一直提到的個人使命、願景。我覺得這可以用 MVSO（使命、願景、戰略、目標）這四個層次來看，如以下的示意圖表示。

這個層次可比喻為法律位階，下位的行政命令不能大過法律，法律又不能與最上位的憲法違背。所以使命跟願景（內含價值觀）就像我們人生的憲法，策略跟 OKRs 就是實踐的

手段與方法。

運用心智圖找出行動方案 繪製專案地圖

透過 SMART、OKR 原則找到且檢視了目標的可行性後，就要開始用行動分析目標。我們假設你的目標與其中一個關鍵結果是：「一年之內成為專業領域內具有聲量的專家，獲得業界認可，並有二個以上相關機構邀請專題演講」（這個大概是 PRADA 量表中的 4 星級）。那我們就把這個目標放在心智圖的中央，開始透過之前提到的 PRADA、ASAP、PARTNER 等等法則思考行動方案。

運用心智圖：成為領域專家

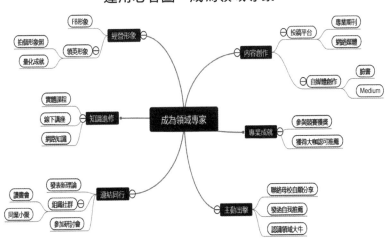

當然這個只是範例，還不夠具體，我們要真正具體到想成為怎樣的領域專家、什麼時候達到這樣的境界、怎樣量化衡量。而這樣的心智圖可以不斷深入，不斷再具體，比如明確寫出要參加的研討會跟比賽是什麼，發信自我介紹的對象是誰，怎樣能接觸到他等等。

　　然後，每個心智圖末端的想法就是一個行動方案的策略。而每一個主要分支可以再成為一個心智圖的核心，畫出更細緻的心智圖。列出所有小任務節點後，要開始梳理彼此的邏輯關係，填入下表中。

次號	任務內容	前接任務	後接任務	預估時間
A				
B				
C				
D				
….				

　　最後，你會清楚的了解每個任務節點彼此的關係、先後的邏輯順序、要先完成什麼、後完成什麼。接著我們要把任務列表立體化，變成可以明確知道執行過程跟進度的專案地圖。試著把每個任務作為一個方格畫出來，根據前後的因果關係做連接，右下角寫下預估的時間。

專案執行路徑圖

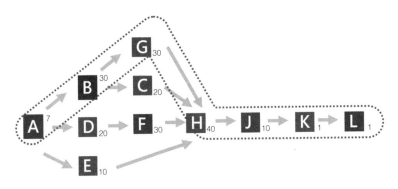

　　這樣你就得到一張如上的圖，然後找到路徑中相加時間最長的，那就是你完成目標的整個專案時間。透過這樣的方式，我們可以獲得明確要執行的任務，並知道任務之間的邏輯性與過程。如此一來，我們在進行各種專案的時候就可以經常保持在狀況之內，追蹤成效以及時間安排。

　　這一章我們談到了許多目標管理的工具，根據前面提到的 PRADA 理論，我們可以用分級量表知道目前自己個人品牌經營的情況。而對於人生的各種目標，可以用目標九宮格跟排序表知道先後順序，接著使用何則文版本的 SMART 原則檢示目標制定的情況，運用 OKRs 知道完成目標的關鍵結果為何。接著再以 MVSO 的倒金字塔檢視設定的 OKRs 是否符合核心價值。運用心智圖找到完成關鍵結果的細項任務，

最後繪製成專案地圖形式追蹤。

定目標	找方法
個人品牌 -PRADA 量表 生活 - 目標九宮格與排序表 SMART 原則 (何則文版)	OKRs(以 MVSO 檢視) 心智圖 專案地圖

　　所以，試著拿出白紙，運用這些工具，開始釐清、開始分析屬於你的個人目標以及執行方法。無論是個人品牌經營、個人的成長、職涯的目標等，都能使用這樣的方法，知道自己想要什麼，為什麼想要，如何達成。

一定要離職才能創業？
你可以「發明」自己的工作！

　　許多談論「斜槓青年」的文章或者內容，最後都會談到個人創業。如同本書前面章節提到的，自由工作的確是趨勢，零工經濟跟複合式就業也成為年輕人之間的主流。而創業精神也是在經營個人品牌中十分重要的一塊，但在我的觀點，這不代表你要脫離組織，自立門戶去開個工作室什麼的。在這個時代，很多新的事物不斷推陳出新，新的工作跟模式也紛紛湧出。

2014 年有一期 Cheers 雜誌讓我印象深刻，當時我剛進入 ITI 就讀，到圖書館翻閱各類海內外的財經、商管雜誌是我的每日固定行程。那期 Cheers 的封面故事叫做「發明工作的時代」，內容提到海內外許多學者共同的論點，就是自動化跟 AI 即將取代許多的工作，然而尷尬的是，許多未來的工作現在還沒被「發明」出來。

　　比如著有《世界是平的》一書的美國知名財經作家佛里曼（Thomas L. Friedman），曾在《紐約時報》發表一篇觀點新穎的文章〈需要工作嗎？自己創造吧〉（Need a Job? Invent It）。他說，過去那種普通技術含量卻能獲得高薪的工作已經消失：「在過去的世代，人們可以去『找』一份工作，但這個世代的年輕人們，必須去『創造』一份工作。」

如何創造屬於自己的工作？

　　ITI 畢業後，我很順利進入世界最大的電子製造企業鴻海集團。當時鴻海併購了微軟越南的手機廠區，我應徵的職位就是派赴當地負責併購後與總部對接的事務。到越南後，負責很基礎的人資工作，比如出差人員的簽證、住宿等等問題，或者幫忙一些文件翻譯，因為當時鴻海公司內部主要使用中文，被併購的新廠區以英文溝通。除了文件翻譯，有時候也

透過口譯讓兩邊工程師溝通。

工作的程序很簡單，就像保母一樣，母公司工程師出差來當地之前的簽證、宿舍安排、手機 Sim 卡登記發放、公司配置的設備發放等等，到抵達後生活起居協助等等，其他時間就是負責輸入、維護一些人事系統的東西。這些東西比較規律，雖然沒有什麼挑戰性，但也需要有個人來做。

但我覺得這工作太無聊了，講簡單點就是行政而已。喜歡挑戰新事物的我，認為已經花兩年跟幾十萬特別去念經濟部國企班，進修外語跟經貿、商務能力，好不容易派駐海外，應該可以做更多更有挑戰性的事情。很幸運當時遇到我職場上的 Mentor，我們次集團的人資長 Vicky 來到越南巡廠。

她跟我聊聊我工作情況，知道我不滿於現狀，鼓勵我應該發揮所長，創造更多價值。並且跟我說講了一個我永生難忘的話：「如果你覺得自己是 90 分，公司或者目前工作只有 60 分，你不用感到懷才不遇，你要很高興，因為這中間的差距 30 分就是你能給公司帶來貢獻跟價值的。」

我就開始思考，如何用自己特長為公司帶來價值。我回溯過去在 ITI 所學的許多行銷理論，用行銷 4P 的概念自己發明了人資 4P，就是公眾形象（Public Image）、薪酬待遇（Package）、職缺渠道（Pipeline）、個人發展（Personal Career）這四個會影響求職者的因素。

個人品牌

我當時分析到，除了公眾形象以外，其他因素都比較固定，那這個公眾形象就是我可以用過去所學到的行銷來賦能公司的部份。後來我自己做了個提案簡報，用我自創的理論告訴老闆：現在越南因為我們併購後成立新的法人，公司公眾形象較微弱，如果要維持運作，必須繼續招募頂尖人才，所以要開始把公司包裝成產品，賣給求職者。

　　當時我甚至不知道什麼是雇主品牌（Employer Branding），我提出了一系列可行的方案去行銷公司。這讓當時我的老闆滿驚訝的，對我的提案很有興趣，後來就開始讓我去做我所說的內容。

一年以後成為全新部門的主管

　　從我自己提出的第一個專案開始，我接連負責了幾個跨部門、跨廠區的大型專案，表現的成果也不錯，在過程中讓自己的價值被看到，也凸顯我與其他同事的優勢，就是對行銷的了解以及創新發想。而我們在職場內，也是透過每一個工作成果累計自己的個人品牌跟組織影響力。

　　之後我也學習到更多人資的知識，當時公司正籌建品牌相關團隊，看到行銷單位價值後，我的老闆也吩咐我繼續研究行銷在人資的可能性跟理論。我們了解到人資有三大支柱，

分別是人資業務夥伴（HRBP）、共享服務中心（SSC）跟專家中心（COE），我把這三個支柱比擬成業務、研發、生產。我的邏輯是這樣的：COE 研擬政策，SSC 提供服務，HRBP直接對接服務單位，這樣 HRBP 就很像業務單位，COE 如同研發單位，SSC 則是生產單位。

而人資呢？人資就像業務一樣在公司內部提供服務，客戶就是潛在求職者、員工跟主管。這樣的話，人資是否也需要用行銷作為媒介，有效傳達訊息跟塑造公司形象？這樣的想法經過不斷討論，我的老闆 Vicky 發想出人資部門應該要有一個嶄新的行銷部門，作為包裝雇主品牌跟對內溝通的橋樑，提升員工體驗的滿意度。

我入職一年多後，我的老闆 Vicky 決定成立一個新部門，HR IMC（Integrated Marketing Communications, 人資整合行銷），找了當時涉世未深的我擔任這個部門的主管，整合幾位擁有多媒體攝影剪輯、平面設計跟文案寫作技能的同事。就這樣我從原本表現普普的新人，成了一個帶領 6 人團隊的部門主管。而這份工作，也可以說是被創造出來的。

過程中，我們也積極的參與海內外許多人力資源相關競賽，獲得了十餘個獎項。而我的工作內容，也從規劃宣傳，拓展到了 APP 架構、UI/UX 設計、動畫製作等新層面，不斷發明出屬於自己的新工作。在這同時，我也常常受邀到各級

學校或者機構分享，也持續在許多平台專欄寫作，出版了幾本書，如同你現在正在閱讀的這本。就這樣，我讓自己成為一個很屌的人。

在求職中也能創造工作

好，我吹捧自己以後，接下來要說另一個也很屌的故事：如何在求職過程中，創造發明出自己的工作。

台灣最大社群經理的社群 CMX 創辦人 Ariel，就是一個不斷創造出自己工作的超酷女生。從小就喜歡傳播跟行銷，想當節目製作人的她，把新聞系當作自己第一志願。大學雖然就讀的是戲劇系，但她仍不放棄這個夢想，大三的時候就自主製作許多 CV 寄給相關的公司、電視台。

她先獲得一個電視台行銷實習生的機會，這個崗位可以說是她自己創造出來的。畢業後，Ariel 去美國打工度假開闊眼界，這次旅程讓她愛上與人互動跟交流，也成為一個沙發衝浪客跟主人。

回台灣後，在行銷公司工作的她開始接觸社群平台經營，那在當時是嶄新的領域，過程中她知道了 Airbnb。她本來就喜歡認識新朋友，自己也有在經營沙發衝浪，對於這個當時沒幾個台灣人知道的美國新創感到十分驚艷，這簡直就是屬

於自己的天命工作，她心裡想著有機會一定要加入這家公司。

可是，不要說台灣，當時的 Airbnb 連亞太都還沒開始經營。Ariel 不放棄，她在離開行銷公司的歡送會上告訴同仁，她想去 Airbnb 工作，如果大家有相關消息可以告訴她，可惜當時實在沒幾個人知道這家公司。後來 Ariel 給自己一個 Gap Year，到世界各地旅遊。

她在紐約當背包客時，遇到的室友竟然就是 Airbnb 歐洲的職員，這讓她喜出望外。但她沒有直接透過這條線出擊，而是自己應聘了中國區的職位，然而這個職位需要在地化，她沒有中國經驗，不具備優勢。之後她仍不放棄，開始在台灣自己組織 Airbnb 房東的社群，辦理各種活動。

後來她又主動聯絡當時在紐約認識的朋友，來到歐洲 Airbnb 總部，雖然沒有見到主管，卻更加堅定她想進入 Airbnb 的決心。此時的她因為組織過許多次房東社群活動，使得她成為台灣房東圈的重要人物。

有次 Airbnb 的亞太總監來台演講，她趁著這個機會到場自我介紹。這位 Airbnb 高級主管知道 Ariel 的企圖心後，十分驚訝，竟然有人這麼熱愛認同自己的公司，還自發組織社群，甚至曾遠赴歐洲尋求機會。令人印象深刻的 Ariel，就這樣在高管離台前得到了面談機會。

面談時 Ariel 直接告訴主管，她想擔任社群經理，負責線

下的組織動員。當時 Airbnb 在台灣區也才正開始規劃，有沒有這個職缺都還不知道。高管請她先耐心等候，如果職缺公告在網路上盡速應聘。

過了一個月，竟然真的開出這個職缺，Ariel 於是展開面試之旅。其實這個職缺宛如為她量身訂做一般，也可以說，或許是她的積極追求，讓自己能創造出這個職缺。這之後，Ariel 更組織了台灣第一個社群經理的社群 CMX，開始推廣社群經理的概念，也進一步推動了台灣在這領域的提升。她的故事很值得我們細細琢磨研究。

八字訣創造屬於你的工作

在這個新時代，與其找已經有明確職位的工作，不如創造跟發明屬於自己的工作。就在 10 年前的 2009 年，那時候臉書在台灣才剛起步，甚至沒有人知道什麼叫做社群行銷，而 5G、大數據等等新概念也才正開始萌芽，但今天，連高中生都要開始學習 AI 人工智慧。

在這個 VUCA 的時代，世界的變動遠遠超過我們想像。不要說 10 年，光是 5 年就可能有翻天覆地的變化。在 2013 年，微信才推出微信支付平台，然而今天，已經沒有幾個中國人使用現金了。同時，許多產業大咖也起起落落，前幾年火爆

的共享單車跟共享經濟，才兩三年而已就開始呈現泡沫化，說不定今天很火的零工經濟、斜槓青年，再兩三年後也被新的概念取代。

所以創造自己的工作，才更有機會不被淘汰。想要發明屬於自己的工作，首先要掌握以下八字秘訣：熱情、專業、創新、行動。以下就分別討論這幾個概念。

- 熱情：一天有 24 小時，一般人一天工作 8 小時左右，扣除睡覺，人一天會有超過一半的時間在工作。如果對所做的事情沒有熱情，等於就像滾輪上的天竺鼠，為了生活汲汲營營，每天不知道在忙什麼。想要創造屬於自己的工作，首先要擁有熱情，簡而言之就是會「對自己所做的事情感到自豪跟興奮」。

- 專業：想要創造出屬於自己的工作，首先要擁有專業。這個專業不一定是相關科系出身或者擁有碩博士學歷，而是你能在這個領域擁有比別人更強大的優勢，這個優勢可能僅僅是同樣一件事情你做的比別人更快更有效果。比如說，同樣當社群小編，你經營的粉絲頁觸及率跟黏著度就是比別人高，這樣就能當作是你的本領。

個人品牌

- 創新：最重要的一點，那些創造出屬於自己工作的人，都是看到大多數人還沒看到的趨勢，或者創造出屬於自己的新理論，不管是商業模式、工作模式或者組織創新等等。用一句話來說，就是「做別人沒做過的事情」、「想別人沒想過的問題」，思考出「前無古人」的驚天模式。這樣一來，當你創造出新的工作時，你也在當下具有不可取代性，同時能成為引領這個領域的先驅人物。

- 行動：有了熱情、專業、創新後，還需要將腦中的想法具象化，讓它轉化為行動實際產生效益。這就可以用我們前幾章提到的各種方法，比如用心智圖跟專案地圖找出行動方案，同時用六大維度思考與自己個人品牌形象的關聯程度等等，形成一整套戰略性的行動體系，接著就是勇敢實踐。

所以把這幾點變成一張列表，如下所示，開始思考寫下你的方案吧！

秘訣	思考面向	我的想法
熱情	我對什麼有熱情?什麼東西可以讓我感到興奮?而我又不喜歡做什麼?	
專業	我有什麼比別人厲害的專長?又或者,我想培養怎樣的專業能力?	
創新	有沒有什麼別人從未想過的新模式?既有的程序中有沒有什麼可以透過我的專業改善的?	
行動	如何將這些想法變成具象化的行動?我可以找誰談?可以怎麼做?	

定義自己的成功、創造屬於你與眾不同的理論

傳統的時代,中產階級的父母在小孩出生那刻就在思考,要讓孩子念怎樣的幼兒園,去怎樣的學區,怎樣可以考上好的高中、大學。在過去我們父母那輩(戰後嬰兒潮),無論中外東西,幾乎都相信一套人生成功定理:上好大學,進好公司,然後發大財,成家立業,過好生活。

時代已經改變了,成功的定義也不再有「公式」,過去那種追求財富、名聲、地位的舊模式已經不再被普遍認同。越來越多年輕人追求自我的實踐,這不一定要更多收入,不

一定要世俗的成功定義，也不再害怕社會眼光。這也是為什麼越來越多年輕人選擇不婚不生不買房，除了經濟因素外，很大一部份層面是過去的「五子登科」（房、車、妻、孩、金）人生才圓滿的思維已經逐漸消退，許多年輕人已經「照見五蘊皆空」，視這些如「泡沫幻影」。

很多人說斜槓青年的崛起是為了增加收入，這點我沒有很認同。收入是附帶的，年輕人追求的不是斜槓本身，而是第二人生，讓自己有更多可能。一個醫生可以下班玩樂團，一個總經理也可以成為三鐵選手。你也可以當一個兼職的劇團演員、平面設計師，這些都是跟熱情、興趣有關。增加收入這件事情只是附帶的。比如我自己，接許多機構演講，出書寫作，上廣播談時事，舉辦讀書會等等，或許能為我創造額外收入，但收入本身不是我所關注的，而是我本身喜歡這件事情而有熱情。

如果只是為了增加收入而找更多「零工經濟」平台的工作，那充其量是個「兼職打工仔」，只是單方面的壓榨自己剩餘勞動力以取得價值。真正的斜槓青年與經營個人品牌的新時代菁英，更多思考的是如何結合自己愛好跟興趣，為自我或者社會創造更多價值。「錢」不是他們最在乎的事情，「自我實踐」才是。所以如果你只是想擁有更多收入而追逐「斜槓」以及個人品牌經營，我想可能出發點有點偏了，應

該可以思考的更深入。

傳統菁英與新菁英的比較

同樣的，傳統菁英跟新的菁英也有很大的差別。過去那種高收入、高職位、西裝筆挺的業界菁英在千禧世代不再是受眾人羨慕跟追捧的職涯發展境界。那麼新一代的年輕人在追逐什麼呢？我們可以看看下表的彙整。

	傳統菁英	新菁英
精神	個人成就	利他共贏
追求目標	財富、名聲、地位	影響、貢獻、創新
思維	固定型思維	成長型思維
思考模式	追隨權威／獲取價值	創新理論／創造價值
品牌模式	重視組織平台發展	重視個人品牌發展
組織觀念	科層體制（權威）	扁平網絡式（對等）
人際關係	封閉型（階層歧視）、同溫層	開放型（創造社群）、跨領域
工作模式	單一專長	斜槓複業

這個表格是根據摩根史坦利、Google 培訓講師彼優特・吉瓦奇（Piotr Feliks Grzywacz）著作的《未來最需要的新人

才》一書中提到的概念為基礎，再加上我的一些心得體悟調整增添融合而成的。他的許多觀念與我十分契合。他出生於共產時期的波蘭，認為未來將進入「後資本主義時代」，在這個時代中只追逐金錢價值的人將會被淘汰，只有能夠「無中生有」的新時代人才能創造未來。

什麼是無中生有？就是如果要創造價值的話，最核心的概念就是「不只是自己獲利，更是讓『大我』得到利益」，亦即創造屬於群眾的價值。這本書的核心價值就是，只有貫徹利他共贏思維的人，才能在新時代成就非凡。經營個人品牌的本身不只是追求機遇跟財富，更重要的是塑造個人的影響力跟對社會的貢獻。

過去的科層體制與階級制度，讓既有的菁英很容易形成封閉式的同溫層階級。但新時代的未來菁英，創造出跨領域的社群則是趨勢，透過社群跟由下而上的新力量為社會帶來改變，這也會是一個趨勢。但過程中很重要的是，創造出屬於自己的理論、屬於自己的核心價值觀與追求目標。

創造理論的人才能領航未來

前面說過，以往那種只追求世俗價值，單單追求財富、名聲、地位的人無法成為未來時代的領航者；追逐影響力、

貢獻、創新的新菁英才會帶動時代。從前的模式下，人們喜歡追求權威，相信某個領域成就卓越的人所說的就是對的，他的經驗跟道路就值得其他人追尋。我們當然需要有典範人物作為標竿，但不必完全把任何人或者價值體系視為應當奉行的圭臬，因為這世界沒有什麼「絕對的真理」。

新的時代是反求諸己的時代，每個人都可以創造出屬於自己的成功理論，屬於自己的人生價值觀，不需要再像過去一樣，人們用國家、宗教、家庭這種強加於個體的價值來過日子，只活出他人期待的樣子。我們不必去搞革命推翻現有體制，重點是我們不需要被外在的定義所綑綁，我們可以重新思考：自己怎樣看待世界？自己想要有怎樣的一生？

人生非常短暫，現在東亞各國的平均壽命都有 80 歲左右，但在歷史長流中，80 年多麼渺小，加上退休跟求學，真正在工作的時間大概只有 40 年。人如果離開這個世間，也是人走茶涼，沒有人會記得你是誰，三代之後，連你的子孫也大半不會記得你的故事。但也不用想這麼多，搞得很虛無，我們只要活在當下，活出自己的價值就行。

不過最重要的，是必須創造屬於自己的理論，這個理論可以說是你的「座右銘」，亦即你會怎樣總結你自己的人生，你有怎樣的核心價值，或者你希望別人怎樣看待你的存在。如果說個人品牌經營本身是「告訴世界你是誰」，那我們首

先要定義自己是誰。怎樣定義？你要創造屬於你的「人生理論」、你的「工作理論」、你的「幸福理論」等等。這些理論或許能成為影響他人的好東西。

我們談到的那些理論

這本書到這裡你也看快完了，讓我們來複習一下本書提到的各種理論，思考消化一下，怎樣應用這些理論創造出屬於你的個人品牌，屬於你自己的成功模式。

1 個精神，創造價值賦能利他

2 個方法，成為專家的成長型思維，與刻意練習

3 個元素，成就名聲個人表現、宣傳論述、人脈連結

4 個步驟，傳播個人品牌 ASAP：行 Achievement、思 Systemization、寫 Article、說 Propagation

5 個元素，建構全方位個人品牌 PRADA

6 大維度，定位自己：願景、使命、價值觀、人格關鍵字、專業領域、角色原型

7 字法則，搞好內容創作 PARTNER：說服性（Persuasive）、真實性（Authentic）、共鳴性（Relatable）、即時性（Timely）、敘事性（Narrative）、教育性（Educational）、

回應性（Responsive）

　　8 字心法，創造工作：熱情、專業、創新、行動

　　9 宮格找到各種目標

　　現在，你應該對全書的概念跟理論有個鮮明的印象。在最後的篇章，我們會講講幾個個人品牌經營成功的實例，希望在閱讀的過程中我們可以一起思考：這些年輕朋友如何運用這些法則成就自我，同時帶來價值。

章節重點回顧

1. 運用 12 角色原型反思自己的形象定位。

2. 在周哈里窗理論中，透過諮詢他人減少盲目自我，透過揭露自我減少隱藏自我，以便讓開放自我擴大。開放自我的擴大可以讓大眾更了解你，減少誤會。

3. 六大維度：「願景」、「使命」、「核心價值」、「人格關鍵字」、「專業領域」、「角色原型」可以用來剖析自我。

4. 以「物質」、「家庭」、「專業（學業）」、「健康」、「靈性」、「創意」、「休閒」、「感情」、「人際」等面向思考自己的目標九宮格

5. 何則文版本的 SMART 目標原則，和一般的有哪些不一樣？

6. OKR 可以怎樣運用在個人目標？

7. MVSO 是什麼？

8. 心智圖跟專案地圖可以怎樣活用在你的人生？

9. 你可以發明自己的工作，透過熱情、專業、創新、行動這八字訣。

10. 新時代的成功模式將由你來定義，試著創造自己的理論。

思考討論議題

1. 試著運用本章的工具，拿出白紙寫下屬於你自己的目標，
   以及如何實踐。
2. 你的人生理論是什麼？
3. 回想一下，章節重點回顧當中 1-9 的理論口訣分別是什
   麼？
4. 你不覺得何則文可以想到這麼多很厲害嗎？這麼好的書
   應該立刻推薦給朋友。
5. 今天開始，立刻點讚小樹文策專頁，獲取更多何則文活
   動訊息與人生心得分享。

加映場

成功典範案例分析

為冷門歷史創造價值：
故事主編胡川安

　　在時報出版的演講廳裡，一位溫文儒雅的學者在舞台上，沉著而穩重的跟台下坐得滿滿的觀眾分享著「皇帝的故事」。觀眾們聚精會神，聽得津津有味，講者有時幽默的天外飛來一筆，眾人齊聲笑了出來。這是國內知名的歷史人文新媒體《故事：寫給所有人的歷史》所舉辦的暑期歷史課程「重新思考皇帝」的第一講，講者就是《故事》的主編——胡川安（按：現為國立中央大學中文系助理教授）。

　　胡川安是很「不一樣」的歷史學人，除了是《故事》的主編外，也是暢銷作家、NGO 執行董事、國立中央大學中文系教授。他偶爾上上政論節目，從歷史的角度評析時事。此外，他還在中央研究院擔任博士後研究員——這麼多樣身份的切換，讓人很難想像他仍是一個未滿 40 歲的「青年」。

　　《故事》除了普及歷史知識外，也漸漸影響台灣歷史學

界與教育。今年的歷史指考題目，甚至選用了《故事》團隊和國立臺灣歷史博物館所編輯的《觀・台灣》雜誌內文。

專欄作家、暢銷作家與主編

2014 年，在哈佛東亞所就讀博士的涂豐恩跟和志同道合的學長陳建守、筆名「謝金魚」的作家謝佳螢共同創辦了《故事》網站，目的是為了普及一般人難以理解的歷史知識。胡川安在《故事》成立之初，便是專欄內容的主要貢獻者之一，主題聚焦在食物的歷史，十分受到讀者歡迎。

「我是研究中國古代史的，一開始會從飲食文化著手，是想用日常生活的要素來講故事，吸引一般人去思考食物的歷史。我們台灣人對吃其實是很講究的，但很少去探究被背後的人文意涵，其實每個食物，都是很有故事跟時代背景的。吃東西這件事，也可以有很豐富的內涵在。」談起在《故事》開設專欄的緣由，胡川安這樣說。

也因為這樣，胡川安的專欄越來越受歡迎，陸續出了幾本有關飲食文化的書籍，賣得也十分好，讓他晉升暢銷作家之列。他也協調其他作者，組織了幾次專題。之後，故事創辦人涂豐恩著眼於胡川安豐富的生活歷練——曾在日本、法國、加拿大與中國各地的研究與生活之歷程，邀請他接任《故

事》主編這個重要角色。

知識型新創企業，如何創造社會價值？

《故事》慢慢從原本歷史同好的網站，轉型成有產值的社會企業，正式開設「史多禮股份有限公司」，運用各種不同的方法，把「歷史」這個過去被認為只有背誦記憶的「硬學科」，轉化為大家日常生活中能普及的人文知識。

「其實你可以說《故事》團隊就是個新創團隊、一個社會企業。面對網路的時代，我們一直思考可以用怎樣的形式，重新包裝『歷史』。書籍是一種，說書、電視，甚至動畫也都可以是方法。我們試著用創意，結合包裝我們想傳播的理念跟價值。過去許多學生覺得歷史是跟現實生活沒法連結的學科，我們就希望透過其他方式，把知識傳遞出去。」談到《故事》的精神，胡川安解釋道。

《故事》平台結合了許多組織，如國立臺灣歷史博物館、中央研究院、公共電視台等不同單位，出了雜誌、網路專題、動畫節目等不同形式的各類歷史普及作品。在這個新媒體面臨許多挑戰的時代，《故事》團隊逆勢成長，把知識包裝起來，形成嶄新的產業鏈跟生態，為過去曾被當成冷門的歷史學科創造社會價值。

個人品牌

「在《故事》，我們的講座大部份都是收費的，因為知識本身有價。我們也是一個新媒體，但不同於一般媒體的收費閱讀制度，我們網站上文章都是公開的，不過也透過群眾募資的方式，建立會員制度，提供會員獨享的權益，比如特別活動、在地歷史小旅行與小禮品、書籍等等。」現在《故事》網站有數百名會員，透過訂閱的方式每個月小額支持，形成穩定的收入。

作家孵化器

　　《故事》這樣的平台不只讓歷史知識普及，成為大家生活的一部份，同時如同孵化器一般，催生多台灣的暢銷人文類作家。近 20 萬高黏著度的粉絲群，為素人作家帶來了舞台跟機會。《故事》作者群出版的書籍已將近 20 本，更陸續與許多知名出版社展開後續深入合作。在胡川安主編下，已經帶領許多年輕學者完成數本人文科普暢銷書，比如《重新思考皇帝》、《關鍵年代》、《故事台灣史》等等。

　　「其實寫文章給《故事》，除非是我們主動向作者邀稿，不然都是沒有稿費的。因為《故事》不只是普及歷史知識，它同時也是個培養創作者的平台，我們協助編輯稿件，讓文章增加可讀性，也讓許多年輕的素人作者有機會展現，得到

出版機會。」《故事》培育出來的青年作家，許多甚至因此能將版權賣到海外，《故事》也發展成一個類似屬於青年人文作家的經紀平台，協助作家與出版社洽談合作。

連結教育機構跟企業，推展歷史人文知識之外，《故事》形成的巨大影響力，也慢慢往更高層的學界推進。胡川安認為，近幾年來嚴苛的論文審查跟大學行政體系，龐大的研究與教學壓力常常讓學者難以負荷，只能產出僅流通於學界的學術論文。《故事》希望可以透過年輕學者間的組織連結，推動學人寫出更多有知識性、更容易使大眾理解、能普及一般民間並影響社會的人文專書。

突破國族迷思，思考文明的起源與消亡

胡川安的雄心壯志，想要以 5 年到 10 年，號召青年學者編出一套屬於台灣觀點的「東亞史」系列叢書。他想要擺脫過去以「國族史」作為區別的舊思維，進一步用「文明」為單位，透過漢字、茶道、儒家、佛教，甚至當代的動漫、影視流行等跨國家的文明基礎，論述一個具整體性的東亞史。

「108 學年的課綱，會把中日韓越等國以一個整體《東亞史》的概念包裹，突破過去單論中國而忽略其他鄰近國家（日、韓、越、東南亞等）的情況。但問題就來了：目前台

灣還沒有一個屬於自己的東亞史系列著述，這樣要推行所謂東亞史教育可能就有瓶頸。這就是我們目前想做的，我們集合了歷史、中文、人類、民族等不同領域的 20 到 30 位青年學者，試圖有脈絡、有系統的書寫這塊領域。」

　　胡川安會有這樣的想法，要從他大學說起。就讀政大歷史系時，他就對中國古代史十分有興趣，但當時的他也是個蹺課大王，對於沒興趣的領域，往往就用在圖書館自習帶過。這樣的蹺課大王，在大三那年得了政大史學論文獎第一名，而第二名還是個博士班的學長。胡川安那時最想探究的問題是：「文明是怎麼來的？」因此他決定投身中國古代史研究。

　　研究所時，他來到了以古代史見長的台大史研所就讀，但同時，他發現古代史的材料十分稀少，必須加入考古跟人類學的角度切入才行。就這樣，他在歷史所的同時又考取了人類學研究所，雙管齊下展開學思歷程。

　　在人類所，他也去到了中國山東、河南、陝西等考古遺址實地進行研究。而考古跟人類學等領域，是歐美發展在前。思索文明起源的胡川安，於是決定前往有「北方哈佛」之稱的加拿大麥基爾大學，師從知名的中國古代史研究者葉山（Robin D.S. Yates）。

　　在麥基爾大學，老師鼓勵他研究中國上古史的時候，也要同時了解西方的情況，應該去修讀羅馬史與拉丁文。胡川

安在學習過程中發現，羅馬的文明是從一小點展開，併吞跟殖民了其他周圍弱小文明，才成就其大。從這個殖民的角度出發，他進一步思考古代中華帝國形成時，是怎樣併吞掉周遭既存的文明。

「四川三星堆就是一個例子，過去我們都以為中國文明是從殷商為核心發展，其外就是原始的蠻夷，直到三星堆這個同時期的古代文明出土，才知道原來中國存在過許多多元並立文明，但都被日後的中華中心的歷史論述抹滅。」

這個題目讓他思考：這些非華夏文明的古代人，是怎樣變成了中國人？而中原文明，又是怎樣去消滅其他文明的歷史跟記憶，殖民並同化當地？該如何突破過去國族論述，建構出以文明為基礎的歷史觀？這些創新的思考，都是胡川安主要的研究主體。

繼承「家族事業」，積極推廣公益

除了是個歷史學者跟新媒體的主編，胡川安同時還一個非營利組織「真善美社福基金會」的執行董事。真善美基金會主要的服務對象是喜憨兒，目前有 300 多位的喜憨兒朋友在園內生活。

他會參與這個基金會，是因為家族的緣故。基金會創辦

人胡得鏘是胡川安的父親，胡得鏘本是高職教師，退休後因為長年從事教育而深知心智障礙者家庭的負擔，於是成立基金會希望能給予協助。

這樣特殊的「家族事業」也讓胡川安有了不一樣的身份：公益人。「我認為對於這些心智障礙的朋友，我們應該要試著讓他們融入社會，自力更生。許多教養機構只單純地把他們安置，但這不見得是好事，他們的心智大約 5 到 8 歲，如果能跟社會接觸，其實也能跟正常人一樣生活。或許不能用複雜的電腦，可是比較簡單的工作像洗車還是可以執行，讓他能養活自己。」真善美基金會訓練喜憨兒的就業能力，試圖讓他們能靠自己謀生。

在經營 NPO 時，胡川安也把創新的概念導入。「過去許多 NPO 跟經營都需要倚靠政府補助或外界的一次性捐款，但我們希望讓 NPO 也能自給自足，成為有產能、有貢獻的單位的同時，也能養活自己。」因此今年度真善美社會福利基金會跟台灣大哥大與陽光伏特家合作，透過「種福電」的專案，結合節能減碳跟綠能環保，朝著永續經營 NPO 的嶄新模式前進。

這項專案的方式是：捐款人捐助的款項，將用來購買太陽能板，安置於機構的屋頂，產生的太陽能在綠能環保的同時，再回賣給台電使基金會獲取收入，收入再進一步成為協

助心智障礙者朋友的款項。這種新創的模式，達到企業、政府與機構三贏的局面，也讓捐款人的款項，成為機構不斷永續發展的基石。

胡川安認為，不管是在《故事》網站的經營，還是真善美基金會的運作上，他的核心理念都是「創新」，用新時代的方法，讓這些事物——不論是歷史人文學科還是社福公益——自己產生產值，進而形成正向的生態循環，影響社會。

從一個學者、作家到新媒體的主編與社福機構掌舵人，胡川安的理念跟想法實踐，再再顯示了人文思維能為這個社會帶來的重要價值。期待在未來，我們可以聽到更多像胡川安這樣的「人文人」所帶來的創新故事。

漂亮女生不是花瓶：
新銳導演彭楚晴

在台北的一個廣告片場裡，一個女孩正在跟演員討論劇本內容。「剛剛演得太用力了，有點刻意，放輕鬆一點，我們再試一次。」她這樣說道，接著，這位年輕女孩指揮著片場的各個小組繼續拍攝影片。

這個外表亮麗的女孩是今年才 24 歲的新銳導演彭楚晴。年紀輕輕的她已參與過電視廣告、微電影、影展短片與電視劇的製作，執導的短片作品曾入圍海外影展，在日本放映。她參與的廣告作品也曾在巴黎羅浮宮內投影。在導演這個行業中，女性與年輕的她顯得突出。

彭楚晴大學時期就開始接案，畢業後順利成為影視工作者，但她卻不是相關科系出身，而是風馬牛不相及的中文系。到底她是怎麼走到今天呢？

順從的年代

問到開始投入影視的契機，楚晴燦爛地笑說：「很多人問過我，但其實真的沒有什麼特別的契機，一直以來都覺得自己命中注定要拍片。若真要說的話就是高中一次幫同學拍影片，在當導演的過程中獲得很大成就感，深深受這個領域吸引。」雖然高中就萌發了興趣，但這一路走來卻也不容易。

高中面臨選擇大學校系之際，她父母認為從事影視行業的想法太天真，未來無法用專業養活自己。簡單說就是爸媽認為這行賺不到錢。因此，高三考完指考填寫志願，父母就在她身旁「督導監軍」，死活不讓她填自己熱愛的影視相關科系。她也只能順從父母，最後錄取了輔仁大學的中國文學系。

大一時，楚晴也想過跟自己面對的現實妥協，順從大眾主流的價值觀，準備到海外留學鍍金；也瘋狂地打工，透過工作來找到屬於自己的出路。然而，當時的她卻很不快樂，在補習班跟打工餐廳間來回穿梭。她發現自己想要的並不是賺錢或贏得一般人所認為的成就，而是那曾經種在心中的影視夢，希望有天能發光茁壯。

逐夢的年代

那時，她的身體因為疲憊而亮起紅燈，她把這些心情向當時就讀台大的好姊妹傾訴。「為何不試試看你喜歡的拍影片？或許會讓你好一點。」楚晴的好友告訴她，台大有專門從事影像創作的社團，也有一些校外學生參與。她既然知道了這件事情，家住的也離台大不遠，於是當天就在臉書上詢問如何參加。

進入台大數位影片創作社後，她的大學生活開始豐富了起來。台大就像第二個家，總是泡在校園裡跟夥伴們拍攝各種影片，幫不同科系、社團的學生製片。過程中她累積了相當的歷練跟人脈，慢慢地，她的名聲在這個小圈子中傳了開來。

2017 年她受邀成為台大畢業歌曲《公館遊樂園》的導演，這個青春洋溢的歌舞 MV 由賴暐哲作曲、劉忻怡主唱、彭楚晴導演，三者交織下如病毒般在網路上快速擴散，引來許多媒體紛紛報導。身為導演的楚晴也因為優異的編導能力獲得許多關注。

令人意外的是，這支影片甚至讓她多了許多高中的小粉絲。「我有次去大學分享，學弟妹們說高中畢業前，這支影片中描繪的台大成為他們心中的夢想校園，也成為高中界畢

業歌相競模仿的作品。還有一次拍攝影展短片，與合作的高中演員初次見面時，她看到我的名字便問我是不是那個《公館遊樂園》的導演，這支 MV 在高中廣為流傳，他們都看了好幾遍，也因此知道我的名字。」

外表亮麗是弱勢

畢業後楚晴順利進入影視產業，成為自由接案的 freelancer，忙碌起有時一個月會處理三個案子。自由的工作彈性讓她沒有固定的辦公室，偶爾在咖啡廳完成企劃、畫出分鏡表，有時在家沉思劇本構思想法。她結合了興趣跟愛好，用自身專業讓自己畢業後經濟獨立，看似光鮮亮麗的背後，卻也有屬於自己的美麗與哀愁。

一來是父母覺得她這種自由工作型態的不確定性太高了。他們認為拍影片這件事情是學生時代的社團活動，只能當興趣，沒有穩定工作，像不務正業似的，只是在玩遊戲。但好勝心強的楚晴仍堅持走自己的道路。

同時，在這個行業中「年輕」、「外表亮麗」，反而成為了弱勢的一群。不少初次見面的合作夥伴得知楚晴的年齡後，會質疑她的專業能力，認為她的想法是年少輕狂、天馬行空、難以執行。甚至有人懷疑她是靠著「外表」才達到這

　　　　　　　　　　　　　　　　　個人品牌

個位置。

　　楚晴為了證明自己的實力，她比別人更加努力。畫出具體細膩的分鏡表、走位圖、鏡位圖、劇本等，將別人認為是空想的意念，以行動實踐出來。用專業能力說服資深的夥伴，而這些夥伴也被她的熱情和努力感動，從懷疑轉而認同。

　　有次，爸媽在倒垃圾的時候，聽到鄰居閒聊時說：「你們家楚晴真厲害，我有看過她拍的影片，真的是很棒很專業。」爸媽才知道原來一直以為女兒的「扮家家酒」遊戲已經獲得許多人的認可。爸媽的態度也漸漸軟化，開始認同楚晴的努力，更為女兒感到驕傲。

深感人文藝術是人類文明的重要支柱

　　談起這一路走來，楚晴認為，當興趣成為維持生計的工作時，真正屬於人生的艱困挑戰才會粉墨登場。不同於過去學生社團的單純美好，一群人為了喜愛的事物而努力，當走入社會，大家奮起工作除了為理想外，更多的是為了現實的生活，需要考量的事情就變得複雜了。加上現實大環境的挑戰，也讓走出的每一步都如此重要。

　　舉例而言，台灣企業習慣的 cost down 精神也反應到影視產業，業主期望用低價生產出高品質行銷影片，成為整個產

業面臨的挑戰。另外，在台灣商業保守的思維下，往往會認為「藝術創作」是較不具產值的，也讓許多創作者在這種環境下遇到許多瓶頸，不得不妥協。

　　「在我心中，人文學科，包括藝術類，比起理工對於人類社會發展更重要。理工科學或許能為生產過程或物質生活帶來進步，但人的內心跟生活的品質，終歸還要回到我們內心對美的渴求。我想那才是另一個讓社會持續進步與和諧的原動力。」楚晴這樣說道。

給年輕人的築夢準則：豁出去，不要怕困難

　　從迷惘到堅定走向自己的目標，楚晴想跟年輕朋友分享的是，一定要把握自己還有餘裕的時間（通常是在學時期），多加涉獵各方新知，嘗試做想做的事情，累積作品跟經驗，即便最後成果不如預期，至少自己曾經勇敢闖過。如果早早就向現實屈服，等到自己已經被現實生活綑綁，只為了生存而工作賺錢時，就只會因為失去把握夢想的機會而懊悔。

　　而面對挫折，她說：「挫折跟苦難在許多藝術創作都會出現，因為那些能讓觀眾有『共鳴感』，人生本來就是一連串挫折所組成，我想我們最重要的是要勇敢面對自己，用『豁出去』的心態，不要只跟著社會的期望走，最終被現實磨平

　　　　　　　　　　　　　　　　　　　　　個人品牌

夢想的稜稜角角。因為人生只有一次。我們若只為了社會的期望而活，終將使自己歸於平庸。」

而你，有沒有過曾經屬於自己的夢想呢？我們都可能也曾經像楚晴一樣面對現實生活的挑戰，想要妥協放下夢想，走向他人期望的道路。但其實，你也可以選擇不一樣的旅途，讓自己叛逆一次，或許，你將會看到完全不同的人生景觀。

從藝文工作者到知名星座專家：
米薩小姐的斜槓道路

在節目攝影棚裡，一位穿著典雅而知性的女性，眼眸中有種飄逸而深邃的幽遠神情。當主持人談到今天的星座主題，鏡頭轉到她身上，她優雅地拿出了排行榜的牌子，自信而堅定的侃侃而談，剖析每個星座的性格，她就是我們今天的主角——星座專家米薩小姐。

米薩小姐現在在各大電視節目、網路傳媒開設星座專區，透過文字、影像的方式，為觀眾與網友們提供西洋占星上的生活運勢解答。雖然外表看起來十分成熟知性，但充滿神秘魅力的她，其實還只是個 20 幾歲的年輕女孩。

而成為舞台上的星座專家前，她在藝廊從事藝術工作，占星原本只是自己從小的興趣，在還沒有「斜槓」這個概念流行前，她透過占星，在工作之餘幫助身邊的親友了解人生走勢，進而明確自我目標，這成為她的另一個斜槓身份。

後來，因著越來越多媒體邀約，讓她開始思考把這個業餘愛好轉變為正職。

今天的她，除了是個星座專家外，也仍繼續保持多年來對藝術的熱情，是一位藝術評論家，並經營藝術相關的粉絲專頁。同時，她也是一個考過國際證照的芳療按摩師，透過精油的調配與施作，讓人達到身心靈的紓解——種種專長與實踐，可以說是標準的「斜槓青年」。

學生時代的多方涉獵：從鑽研星座，到自己辦雜誌

米薩從小在父親的帶領下，走遍各大美術館、博物館，因此對「藝術」有了特別的情感。藝術作為表達人類情感的一種方法，很多時候都會涉及到宗教哲學議題，例如「神的創造」、「人的悲歡離合」等等。浸淫在其中的米薩，在中學時代就讀新竹中學音樂班時，也開始因著對生命的好奇，接觸到了神祕學領域。

起初，她企圖透過塔羅牌每一張牌面所代表的事件，與背後象徵的意義尋找解答。她透過許多書籍自學，一開始只是自娛娛人，從來沒想到，在 17 歲這年培養的愛好，在 10 年後會成為她人生重要的一部份——「一個賴以為生的專業」。

大學時，她考上了中興大學中文系，雖然文學也是藝術的一種形式，然而中文系教育中許多強調背誦、記憶的部份，卻讓自嘲記憶力如金魚的米薩十分頭疼，甚至因此開始懷疑讀這些對未來有什麼幫助？

　　於是，她把目光從學校的書本轉移到了課外活動。

　　她運用對文字的愛好，在校園中號召有共同喜好的學弟妹，在有限的預算下，自己擔任創刊總編輯，於 2010 年創辦了興大校園中第一本結合娛樂、時尚、教育與社會議題的雜誌《超賽斯 Xess》。

　　這本雜誌在 8 年後的今天，仍以季刊的形式在中興大學中被傳承，成為數十種校園刊物中最受學生關注與喜愛的一本。這本雜誌的議題多元，從校園生活到社會、國際議題，也有星座命理或生活小知識。也因為創辦了《超賽斯 Xess》，米薩畢業時受邀成為當時中興大學畢業典禮的畢業生致詞代表。

　　「我覺得娛樂跟教育這兩件事情要結合起來，娛樂去吸引閱聽人的眼球，而教育是我們真的要傳達的內涵。如果少了其中一項，就不能達到我們的目的。」談到了創辦這本校園雜誌的初衷，米薩小姐這樣說。

　　那段課外社團的參與過程中，米薩帶著學弟妹自己提案，到處洽談廣告合作，在沒有預算的情況下對校內外邀稿，自

行編輯、排版、印刷後發送，甚至進行線下線上的宣傳——這段大學的學習過程，也成為米薩小姐日後走向創業者的一門重要預備課。

自己企劃與提案，從畫廊到攝影棚

畢業以後，因為對藝術的興趣，投入了藝術產業，在畫廊工作。在畫廊的經驗，也讓她學習成長許多。從行政、佈展、包裝到行銷，精實而多元的工作內容讓她很快的學習成長。

「我當時工作的畫廊很開放，很歡迎有能力的員工自己對接客戶，去談銷售，這在一般畫廊比較少見，而這過程中也讓人能學到業務的能力。」米薩談到，由於畫廊應對的高端客群，需要的服務技巧又更為細緻。

比如說，要完全了解客人的喜好，從客人的拿鐵喜歡幾分糖，到其生活的情境與關注的議題，讓對方感到驚喜與尊榮。同時，務必掌握客戶的人生脈絡，才能找到屬於每個客人心中真正的美，媒合藏家與作品。

而從大學開始，米薩就因為自己對神祕學的研究，吸引許多對人生與未來好奇的人們尋求解答。2016 年，開始有在媒體工作的朋友邀請她在網路平台開設星座專欄，撰寫文章。

慢慢開始寫出名聲，在不同的幾個平台上寫星座運勢分析後，她開始有了新想法。

她以自己過去在學生時代與畫廊工作的經驗，開始編寫企劃並提案，向不同型態的平台推銷自己，最後獲得許多節目的邀約，成為固定來賓。米薩強調，「一定要有豐富的聯想力，不斷思考自己還有怎樣的可能性，也不要害怕被拒絕，被拒絕也不會怎樣，但是如果成功了，那就會成為你新拓展的領域。」

2017 年，米薩已經成為全方位的星座專家，在妞新聞、風傳媒、東森、美拍、蘋果、Ospatk 等平台透過直播、錄影或者文字的方式連載星座分析，也成為知名老牌娛樂節目「娛樂百分百」的固定來賓，不定期的會接受到其他節目或媒體的邀約訪問。

對於未來，她給自己設定的目標是出版自己的專著，以及開辦專業課程，幫助每個正在尋找生命答案的人找到身心平靜的歸所。在身心靈層面的許多議題上，和青年朋友分享自己多年體會到的道理與建議，而最近，喜歡看房子的她，也興起了學習風水的想法。設定目標，不斷的學習增進自我，再勇敢邁步向前，是她一路走來的方法。

給年輕人的建議：鎖定目標，成為自己命運的主人

從多年的興趣愛好到成為職業，米薩代表的斜槓青年是這個時代的趨勢。當問到如果要給許多也想要走出自己道路的青年什麼意見時，米薩說：「我覺得是要先了解到屬於自己的使命（calling）是什麼，每個人來到這世界一定會有一個與眾不同的特質或能力，這些天賦讓你能去做些『非你不可』的事情，也就是要思考，自己到底有怎樣獨特的力量，可以為世界帶來不同的影響。」

找到屬於自己的命定，這還只是第一步，接下來，米薩則是認為要堅持。過程中，或許因為還在開始，沒有一個成績，可能會遭受到身邊家人朋友的質疑，也或許這些質疑會成為自己在人際關係上的陰影——面對這種時候要堅守本心，相信自己，勇敢踏出每一步，用累積的實力證明自己，每個人成功與否，最重要的還是自己的意志力。

「大家都有一個星盤，沒錯，它影響了我們的性格、喜好跟天分，但是它不會就這樣完全主宰你的人生。因為每個人生的十字路口中，做出決定的都還是自己，不是命運。而意志力跟信念，是能克服困境跟突破自己格局的。」對於自己作為星座老師，怎樣看待命運，米薩這樣說道。

從米薩的故事，我們可以看到，許多外在的事物，並不

能真正能影響我們人生走向，每個人都有可能靠著自己的力量，成為自己心目中的樣子——不管是斜槓青年，還是夢想的實踐者。

不拍正妹拍猛男，擁有 30 萬粉絲的斜槓攝影師：
深夜名堂

　　走進位於板橋巷弄中，位在公寓裡的攝影工作室，五、六個學生圍在電腦前一邊挑選照片，一邊討論。25 歲的知名攝影師謝名振跟我說了聲不好意思，約訪的時間到了，他的工作卻還沒結束，我看了看手錶，那是週六晚上八點鐘了。

　　終於工作告了一段落，可以坐下來好好談。原來，剛剛的客人，已經是他今天的第四組客戶。從早上七點就開始馬不停蹄的工作，謝名振每天可以按下上千次快門，許多的新客戶想預約，已經要排到下個月。

　　「大家都以為當個自由工作者很有彈性、做自己的老闆，但有時候其實不是，連生病的權力都沒有，工作已經跟生活分不開。」他這樣告訴我。

法律系出身的「網紅」攝影師

謝名振不是一個科班出身的攝影師，很難想像，才 25 歲的他，在攝影領域——從全家福攝影、婚禮攝影到商品攝影——完全無師自通。更特別的是，他 20 歲那年，才買了人生中第一台二手單眼，展開他的攝影探索旅程。

出身公務員家庭的謝名振，高中畢業後考入國立中興大學法律系，原本將職業發展鎖定在律師跟司法官，大學即開始補習準備國考，卻沒想到，因為一個平常的興趣，改變了他的一生。今天的他，在臉書跟 IG 帳號有合計近 15 萬的粉絲關注，儼然另類「網紅」。

「其實一開始也沒有特別想到會把攝影當成職業，往這方面發展，大學時創辦粉絲頁，只是想說讓自己的作品有一個平台曝光。感覺自己很幸運，遇到很多貴人。」對於目前的成功，謝名振很謙虛地這樣說。

一台相機的緣分：「深夜名堂」的成功

攝影對大學時期的謝名振來說，就只是個興趣而已。大三那年因為家裡的傻瓜數位相機壞掉，發現二手入門單眼的價格也不貴，跟全新的傻瓜數位相機差不多價錢，因而購入，

從此踏入了攝影的世界。

大四開始，謝名振把自己的作品 PO 到臉書上，久而久之，為避免朋友每天都被自己照片洗版，他另外創立了「深夜名堂」粉絲頁。最初，這個粉絲頁只是分享作品的平台，但謝名振用心經營，短短一年，粉絲數量就突破一萬（目前已達五萬粉絲）。畢業後，一個偶然的機會下，竟有廠商找他接案。

「那是一個商品攝影的案子，開啟了我作為專業影像工作者的職涯。」在那次與廠商溝通的過程中，謝名振才發現，原來自己的興趣，已經具備被業界認可的專業能力，能夠產生「經濟效益」。他決定嘗試看看，有沒有機會把自己的喜好與工作結合。

退伍後，謝名振決定走一條無關法律的出路，瞞著家人，自己上台北打拼，開始接案子，成為一個自由工作者。最後，他用自身的努力，得到家人認可。現在的他，作為一個攝影師，既能養活自己，還能有不亞於法律工作的收入。

突破刻板印象，打開男性人像攝影的市場

創立粉絲頁，在這個時代，連小學生都能辦到，但是，為什麼唯獨謝名振能在短短三年間爆紅呢？問謝名振用什麼

樣的關鍵字評價自己的成功，他堅定地說出：「眼光」。

謝名振的攝影作品之所以在初期就備受矚目，可以歸因於他的主題特色。一般台灣的人像攝影，往往以女性作為模特兒，而國高中都就讀男校的謝名振，在早期想拍攝人像攝影時，都找自己中學的同學幫忙，開啟了他不同於他人的、以男模特兒為主的攝影系列作品。

「其實過去都有個刻板印象，就是會去外拍、做人體攝影的大多是女性。如果一個男生也作為模特兒去外拍，可能就會令他的朋友好奇。我的作品想突破這個既定印象，用鏡頭告訴觀眾，男生也能呈現美的概念。」

以男體攝影起家的他，在這個過去較為冷門的領域，開創了自己的道路，進而成為領域上的獨角獸，找到機會開創價值。

善用社群媒體，成為自己的伯樂

談到自己與一般的影像工作者最大的差別跟特色，謝名振認為自己跟上了網路社群媒體興起的潮流。在這個人人都是自媒體的時代，人人都有機會，讓自己的成績被更多人看到。

「其實『有名』跟『厲害』是兩個概念，當然有相當程

度會呈現正相關，但是假設有很好的技能，卻沒有人知道，那也很難轉變成實際的產值。」

謝名振鼓勵現在的年輕人，要成為自己的伯樂，勇敢地透過網路平台行銷自己，為自己帶來可能與機遇。找到自己有興趣的領域，試著成為那個領域中具有網路聲量的人，就有機會把興趣轉化成自己職業發展中的其中一根支柱。

網路資源就是你最好的老師

無師自通，是謝名振職業生涯的另一個關鍵字。

因為繁忙的法律系課業，讓謝名振大學時沒機會參加攝影社團，然而，沒有老師卻毫不影響他的專業性。能在短短的兩三年內，從業餘興趣到知名的影像工作者，謝名振最大的導師就是網路。

「這是一個自學的時代，其實網路上都有相當多的資源，只是有沒有想法跟辦法去接觸到。」謝名振學習的過程中，運用自己的英語能力，接觸與學習到歐美頂尖攝影領域的風格與拍攝技巧，進而內化成自己的專業。在這裡，他特別提到英語的重要性。

「如果我今天只用中文搜尋，那我很可能就只學到華人世界的技巧，但是改用英文，等於跟全世界接軌，而英語的

網路世界也有更多的資源。我大部份的自學資源都是英文的，所以我很鼓勵年輕人，一定要學好英語。」

斜槓青年：一人分飾三角

「不知道你有沒有聽過斜槓青年？」謝名振在訪問過程中突然插進這句，我點點頭的會心一笑。

「那其實就是一個時代趨勢，網路世界的發展讓大家透過自學深化自己的興趣，更有機會讓興趣成為謀生工具，而在成為斜槓青年的過程中，也不斷的發掘自己潛藏的可能。」

原來，謝名振不只是一個知名的攝影師，他用下列的字眼描述自己：「影像工作者／法律顧問／網路行銷寫手」。

繁忙的攝影工作外，謝名振仍然運用自己的法學背景，給許多同業或者客戶提供合約相關的法律諮詢服務，而經營粉絲頁成功的他，目前也有在接案幫忙其他業者撰寫文案。

這天外飛來一筆，也讓謝名振的形象整個立體了起來，並體現了斜槓青年的價值——運用網路資源自學、善用自媒體行銷自己的專業技能、被潛藏的客戶發掘，進而產生經濟價值。

「我還有一個攝影家的夢」

當然，這一切也不總是一帆風順。在初期接案時，謝名

　　個人品牌

振常常會怕自己收入不穩定，不能堅持走下去，甚至想過如果攝影本業不能支持自己生活，要去當 Uber 司機，增加收入。

但勇敢克服每一項遭遇到挑戰、堅持下來的結果，就是今天的成就。雖然熱愛的攝影成為了工作，從過去的興趣到要與客戶合作，負責任地完成每一個工作任務，謝名振仍然不忘記自己當年單純喜好攝影的初心，他心中仍然有個夢想與目標。

「我希望我可以成為一個『攝影家』，對我來說，我目前只是一個影像工作者，我仍然走在追逐夢想的道路上，期待自己有一天可以在這個領域做出成績與影響力。」

這個 25 歲突破大環境，走出屬於自己道路的台灣年輕人，他的故事值得每個有過夢想，卻害怕現實的你聆聽琢磨。

從媒體小編到自媒體達人、個人品牌教練：
少女凱倫的心路歷程

　　城邦文化大樓的會議室，一群年輕人正在進行讀書會。這個讀書會很不一樣，他們用設計師交流之夜的模式，每個人僅有 20 張簡報、每張簡報限時 20 秒的方式將書中觀點與人生結合後分享。這個讀書會的發起人是「少女凱倫」，一個擁有數萬粉絲的斜槓網紅，這樣的讀書會，即便她人在海外進修，也有成員自主性發起，並遠端連線，不希望讀書會暫停。

　　不到 30 歲，本名楊雅琳的少女凱倫，曾經擔任過ETtoday 社群小編，TVBS 新聞台文字記者跟平面財經雜誌的專題記者。在正職之外，凱倫實踐斜槓精神，展開了不同的第二人生。在每天幾乎 12 小時的工時下，下班時間，她能是一位講者、專欄作家、讀書會發起人、直播主持人，擁有多重身份與多重收入，更因此受到出版社關注，邀請她出版個

人專著，分享關於「做自己」的力量。

結合新舊媒體第一線操作經驗，讓她看到「社群」、「平台」的可能性。透過自媒體經營，少女凱倫累積了近三萬的粉絲，同時受到許多單位機構邀請，講授媒體公關操作、個人品牌及斜槓人生等主題，並且形成一套獨創的商業模式，讓自己收入達到同齡平均的兩三倍，即便人遠在長灘島的海上旅遊，也能遠端為台灣新創企業操作媒體曝光，種種積累都是為自己加分的選擇。

亮麗成就背後的努力

一次分享中一位聽眾聽到少女凱倫透過個人的品牌經營創造更多價值，而發問：「您成為斜槓青年創造更多收入跟名聲，是不是因為你家比較有錢，所以才能夠做自己想做的事？」事實上這是種刻板印象與誤解，「誰規定要有錢才能做自己想做的事情？」凱倫便分享自己在現有的成就背後付出了十足的努力。

凱倫的父母在她出生前就離婚，媽媽為了養活三姊妹，放下了原本國際集團的工作，自行創業，做過早餐店、工廠代工跟照相館。在開設照相館前，因為 1990 年代台灣工資上漲出現西進的遷廠潮，失去代工工作。凱倫的母親為了拉拔

孩子，到台北後火車站批發娃娃、吊飾，帶著年幼的她們到街邊賣，凱倫的姊姊甚至帶到學校向同學推銷。

1999 年的跨年夜，凱倫媽媽還帶著三姊妹到淡水河畔兜售娃娃，把娃娃擺在冰冷的水泥椅上叫賣。氣溫非常低，母女四人在淡水站了一整天，面對往來不斷的人潮，卻只賣出一隻皮卡丘。那個場景讓 9 歲的凱倫永生難忘，因為那天在淡水河畔的跨年表演嘉賓，便是後來的天團五月天。

在凱倫的童年中，從來沒有享受過寒暑假。小學四點下課，就要回工廠幫忙做手工，國中補習完，也要回到家裡的照相館幫忙打烊。高中大學更是如此，總是從早工作到晚，打工之外剩下的時間就是幫忙家裡。可以說今天的多功能斜槓態度，是打從母胎就已養成的生存能力，因此她也戲稱自己是「母胎斜槓」。

大學開始確立志向 朝著目標不斷前進

大學就讀大眾傳播的凱倫，一直都有個記者夢。畢業後，她繼續往傳播研究所進修學習，還沒畢業就進入 ETtoday 擔任社群編輯，負責上百萬粉絲的平台運營，這過程中她開始累積了社群媒體經營的經驗跟聲量。然而當時的她仍有一個電視記者的夢，這個夢想從她大二就確立。

　　　　　　　　　　　　個人品牌

26歲時，為了追逐電視記者的夢，她寧願放棄正職職位、降低自己薪水一萬到電視台從工讀生做起。離開原本光鮮亮麗的公司，也需要很大的勇氣。但為了不讓自己後悔，怎樣的條件她都願意接受去闖闖看，讓自己這一生不留下遺憾。但也因為薪水降低，為了維持生活，她又繼續在網路新聞平台擔任特約記者，持續的寫文章。

　　半年之後，她如願成為正式的新聞台記者，進入TVBS，後來開始主跑教育線。每天在外奔波跑新聞。在轉換職涯的過程中，她持續的供稿給合作平台，為自己增加額外收入。原本一天可供一篇稿500元上下，但續約時，對方希望降價打折到六折，但一天可以寫兩篇。雖然總額收入提高，但是這樣的單價讓她不能接受，第一是怕破壞市場行情，其次是不忍閱聽人得看如此沒營養的內容，最主要的考量是特約稿件內容沒有積累，也缺乏發展性，因此拒絕這份兼職，但沒想到這成為斜槓人生中的轉振點。

　　寫文章對凱倫來說，是抒發心情的管道，2017年時，還不像現在有那麼多人自架網站或寫Medium，而她雖然擁有自己的粉絲專頁，但長期來都是替媒體寫文章、寫新聞。當時她尚不敢確定自己撰寫的文章夠不夠好，會不會有人看，在權衡之下選擇了全台最大的匿名社交平台Dcard作為發文的基地。連續半年的匿名文章獲得不錯的回響，也讓她發現了

自己對寫作有熱忱，文章內容也對人有幫助。2018 年 3 月，因為在臉書粉絲頁測試聊天機器人，竟然吸引 2.6 萬人留言索取文章，這才下定決心以 Wordpress 建立自己的網誌平台，打造自己個人品牌。

開始受到關注 走出屬於自己的精彩

這之後，憑藉著自己的社群操作跟媒體經驗，凱倫創立的個人粉絲頁不斷上漲。她在上面談論時事，職場心得，用直播、影片、文章的方式跟大家分享自己所思所見的世界，也因此開始受到不同領域的人們的關注。

她也透過業餘時間加入許多線下社團，累積人脈，以自己的專業對其他人在媒體操作跟公關上提供建議。這樣的努力下，讓她從本業朝九晚五的生活中，開始多了其他機會，開始有不同單位找她分享相關議題，出版社看中她數萬粉絲的社群聲量，邀請她掛名推薦書籍及撰寫書序。

凱倫對自己的未來，逐漸出現了創業的未來輪廓。她認為，未來會是個人品牌將是相當重要的時代。她希望能透過自己的社群跟媒體經驗，賦能其他對這個領域有興趣的人們。凱倫表示，只要從事的事情具有累積性，就可以透過努力成為領域中的佼佼者，讓自己有聲量跟底氣。當在自己領域中

個人品牌

站穩腳步，有了話語權，那就能進而創造價值。

斜槓青年跟個人品牌是兩個相輔相成的概念，不只是行銷自己，更是與自己對話的過程，透過斜槓精神找到屬於自己與眾不同的價值。她建議年輕人不要害怕與眾不同，要勇敢的面對世界。也不要只為了多重收入而斜槓或者經營個人品牌，而是要勇敢做自己。

她說：「倘若世界要為我們貼上標籤，那我們就跑得讓它來不及貼上。」能夠做到這樣，才是能夠真正擺脫社會、企業框架與限制的時候。

凱倫成功翻轉自己生命的故事，實在是每個想成為斜槓青年跟經營個人品牌的典範。

從一個越南留學生到國慶大典主持人：
阮秋姮的台灣夢

　　隨著台越交流近幾年蓬勃發展，越南也成為繼中、日之後，與台灣羈絆最深的國家之一。台灣與越南都有非常多的人們前往對方的國家工作、定居，雙方形成一個堅強的連結，網路上也有許多關於越南旅遊、工作的部落格。而在這股台越交流熱潮下，最受矚目的平台，莫過於在台越兩地都有數萬粉絲的 YouTube 頻道「Hang TV - 越南夯台灣」。

　　Hang TV 與一般的越南旅遊部落格最大的不同在於，它不只介紹越南當地文化給台灣人，同時也把台灣的各種人文風情傳遞回越南。這樣以雙語雙向交流的平台，讓台越兩地的人民透過影片互相認識彼此，是目前網路上少數擁有台越雙語字幕、以交流為目標的 YouTube 頻道。許多越南的學生，更是因為這個頻道的介紹，而開始認識台灣，進而萌生想來台留學發展的想法。

　　　　　　　　　　　　　　　　　　　　　　　　個人品牌

「大膽走出去」：留學台灣結下的緣份

　　Hang TV 背後的推手是厲家揚（John）與阮秋姮（Hang），這對台越聯姻的青年夫妻檔，從相識起就有著如浪漫電影般的愛情故事情節。

　　18 歲高中畢業後，阮秋姮就來台學習華語：「那時候越南很流行到海外留學學語言，然後再回國進外商工作。剛好我的媽媽那時候也在台灣工作，我就也來台灣學中文，一開始只是想說學一年語言就回越南做華語翻譯。」談到當初來台的機遇，秋姮這樣說道。

　　然而，當初簡單的「大膽走出去」的起心動念，卻成為改變秋姮人生走向的轉捩點。來台生活以後的秋姮，因為覺得台北是很有潛力的城市，而選擇留下來讀大學，其後一路讀到碩士班。在學期間，她開始接觸到許多同樣在台灣的越南新移民姊妹，也開始從事越南語教學，在這過程中，她遇到了她的先生 John，相戀後結婚。兩人還在越南舉辦了傳統的越式婚禮，引起許多媒體關注報導。

　　兩人的相識過程就像命中注定的電影情節般，從事影視產業工作的 John，一次代班朋友在電視台新住民節目的導播工作，因緣際會下認識了秋姮。溫和理性的 John 跟活潑外向的秋姮幾次接觸後，都對對方產生了好感，不久後即就正式

交往。

令人意外的是，準備正式交往前，秋姮最先跟 John 確認的問題竟是「對方的宗教信仰」——原來，在大學留學期間，秋姮也曾交往過一個台灣男友，原已論及婚嫁，卻因為對方父母拿雙方「八字合盤」後覺得命格不合，而取消婚約；也成為秋姮在台灣的一段深刻的回憶。

談到兩人的相處過程，秋姮說：「其實相較於台灣男生，越南男生更喜歡表現浪漫，比如在各種節日的時候送花給女生，給驚喜等等。」但穩重而理性的 John 也能讓兩人的相處十分的順利，「我們從交往到結婚，還沒有吵架過，當然有時候也會有些不開心，但是都能真誠的分享心情。」秋姮說，認識 John 以後，自己開始能更冷靜地分析事物。

突發奇想開設雙語頻道，獲得熱烈迴響

而在幾年前，因為秋姮有許多學習越南話的台灣學生，加上 John 從事影視專業，兩人某日突發奇想想，拍了個用台灣知名歌曲編入越南語常用辭彙的教學影片。這支影片在台越兩地引發熱烈的迴響，影片在他們個人臉書帳號上發布不久，就有來自台越的網友們瘋狂的加好友：

「那時候我們的臉書有 1,000 多個越南人邀請我成為好

友，我就在想，如果只是用個人帳號跟他們建立關係，這樣臉友一下暴增千餘人也不大好，秋姮她就開了粉絲頁，我也幫忙把這些粉絲導流過去。」John 說起當時無心插柳到開始用心經營 YouTube 頻道的過程。

就這樣，當時還是情侶的秋姮跟 John 開始經營自己的平台，經過一年的嘗試與摸索，開始在頻道上交替使用中越雙語以及雙字幕，向台越網友們介紹彼此的文化，主題從兩地旅遊景點介紹、美食到在台越南留學生對台灣的看法，不一而足。在秋姮陽光活潑的亮麗形象以及 John 的專業技術與企劃下，「Hang TV - 越南夯台灣」廣受觀眾的喜愛，粉絲穩定成長。

「Hang TV - 越南夯台灣」的頻道名稱，其實大有來頭，Hang 就是秋姮的名字越語發音，TV 除了代表電視外，更代表了 Taiwan 跟 Vietnam 的意思，而中文的「夯」拼音也剛好是 Hang，所以整個頻道名稱的概念，就是希望成為台越兩地人們的橋樑，促進雙方對彼此的認識。

在經營頻道上，兩人也曾遇到許多十分離奇有趣的事情，比如有人直接對專頁私訊一張就診單圖片，沒來由地就要求協助翻譯，經過詢問才知道是台灣人在越南就診，一時情急看不懂求助。還曾有人希望可以請秋姮幫忙做中越翻譯，為了想要寫信給自己越籍女友的父母。各種網友的疑難雜症，

John 跟秋姮都會耐心傾聽。

除了介紹兩地外，秋姮也用自己作為留台越籍生的背景，積極的協助許多剛來台灣的越南留學生融入台灣生活：她經常受邀舉辦講座，分享自己在台灣留學的心路歷程——如何從完全不會中文、每天努力學習寫中文日記，到今天已經可以完全用中文思考事情；同時，秋姮也在網路上開設了另一個專門針對留台越籍生以及有興趣留學台灣的越南學生的問答社群。

有趣的是，在台越兩地都曾經有人在路上認出過秋姮跟 John，也有許多越南在地的年輕人，透過了 Hang TV 的這扇窗，認識了台灣這片土地，進而想來台灣旅遊、留學；同樣地，許多台灣人也因此認識了越南並產生興趣，開始想探索這片與台灣有深厚連結的土地。

光鮮亮麗的「網紅」背後，是辛苦的付出

然而，這外表看似光鮮亮麗的網紅生活，背後卻也有許多辛酸與付出：由於兩人都有自己本身的正職工作，經營網路社群，變成一份工作之外的「工作」，而且還是十分勞心勞力的那種。

「我們的影片跟一般的 YouTuber 不一樣之處，在於常常

　　　　　　　　　　　　　　　個人品牌

是臨時起意，隨性拍攝，也沒有特別事先規劃，加上主題的關係，光是上雙語字幕，就要兩人一起盯著電腦協力完成。我們都是自己下班以後，再到工作室去剪片，一兩周才能產出一個影片，常常剪到凌晨兩、三點，隔天還有各自的班要上。」

因為這樣，John 笑稱兩人連約會的時間都沒了，見面跟談論的主題都是下一支影片要怎麼製作。這樣合作的默契，也讓兩人除了伴侶之外更有「創業合夥人」的味道在其中。「我都說秋姮就像個老闆，我還比較像她員工，她指出大方向以後，我再實際的企劃跟執行。」John 對兩人在這個事業上的角色有如此的心得。

他們的努力逐漸受到關注，獲得許多媒體的報導，也在一些網路媒體上開設影音專欄，這樣致力於台越交流的行動也受到政府跟企業的注意，慢慢的有些推廣台灣觀光的案子找上門；同時，他們也不斷做出新的成績。

不斷種下希望的種籽，等待發芽

「我們最初的想法，就是希望以自己的故事，打破許多台灣人過去對台越聯姻的刻板印象，進一步的能讓兩地的人們能夠相互認識彼此。」他們這樣說道，而這個目標在他們

的努力下，這幾年也慢慢有所突破。

　　而在這個同時，John 也關注到一些新的議題：「現在很多公私立學校有所謂越南專班，或許有些值得注意的現象。比如學校透過仲介招收學生，學生必須簽約並貸款繳納仲介費，食宿都學校統籌，同時也會安排工讀時數，每月抽出部份薪水還款，這模式可能對台灣少子化學校招生有幫助，但是一些不合理的規定，像不能轉校、轉系，以及師資課程是否完備也值得討論。」面對這樣的現象，熱心的 John 跟秋姮也在努力思考，有什麼能幫上忙的地方。

　　畢竟，他們的初衷就是能夠幫助跟影響更多的人，透過不斷種下相互理解的種籽，期待有一天能發芽茁壯，搭建起台越兩地紮實堅固的交流橋樑。

章節回顧與議題討論

1. 胡川安透過什麼方式達到「利他賦能」精神，給予年輕人機會？

2. 試用 ASAP 法則，分析米薩小姐的個人品牌經營。

3. Hang TV 阮秋姮的故事，用 PARTNER 法則可以如何理解？

4. 彭楚晴的故事，如果用許榮哲的「努力人」、「意外人」故事結構，可以怎樣拆解？

5. 少女凱倫是如何透過個人品牌經營，創造出價值？

6. 深夜名堂如何塑造專業？試著以「刻意練習」模式來解析。

7. 試著用 PRADA 理論分析這些範例人物的個人品牌塑造。

8. 以「願景」、「使命」、「價值觀」、「人格關鍵字」、「專業領域」、「角色原型」六大維度分析你自己。

寫給看完這本書的你

　　如果閱畢此書你有感動或是成長，我誠摯地邀請你以「利他賦能」、「成就他人」的心情出發，在臉書、IG、Medium之類的社群平台寫下你所學到跟吸收到的新事物，分享你的目標。

親愛的你：

　　謝謝你看完這本書，讓我們生命因此產生連結。在這裡我想親自跟你分享我寫這本書的心路歷程。如同在書中提到的，我把自己定位成「希望能為社會帶來正向價值的人，幫助更多人找到方向跟目標」。

　　這幾年有許多機關、學校、企業邀我分享，我接觸了從國小到大學、再到已進入職場的年輕朋友。過程中我發現許多年輕人都有屬於自己的想法，想走出自己的道路，卻常常

因為害怕事情發展不如人意而躊躇，或者陷入抉擇的兩難，因而停滯不前。

在這本書裡，我系統化了我這幾年所思所想，也分享了一些我走過的道路。雖然這本書題目是「個人品牌」，但你也可以看見其中不只談論個人品牌這個題目。我認為在塑造個人品牌的過程中，本身就是一個對自我價值與認同的追尋之旅，「找到你是誰，並且告訴世界你是誰」。我深信只要透過正確的方法，每個人都可以一步一步完成自己想要的目標。

在書中，我不斷提出了利他的概念，這是很重要的，如果每個人的成就都是建立在造就別人上，那我想整個社會將能不斷的出現正向循環，大家也能相互體諒，讓許多紛爭仇恨止息。

我相信這本書能帶給你許多不同的觀點，我會建議不要只看一次就束之高閣。第一次閱讀完本書之後，你可以根據書中我提出的幾個大概念（包含 PRADA、PARTNER、ASAP、目標九宮格、六大維度、專案地圖等），寫下屬於你的個人方向與目標分析。同時你也可以寫一封信給一年之後的自己，說說你想成就怎樣的事，成為怎樣的人，透過時空信件的方式寄出去，展開跨時空的自我對話。

第一次看完這本書的一個月後、半年後、一年後，都再

次翻開這本書。思考你與首次看這本書的自己，已有了怎樣的成長跟進步，自己的方向是不是在預定的道路上前進。只要願意相信自己，願意給自己一個機會，照著書中的方法、策略實踐，你可以看到屬於自己的改變，實踐自我的價值。

你也會發現，這本書每個章節後都有重點彙整跟討論議題。這本書在寫作的設計上，就包含了給讀書會小組討論的結構。所以你也可以找 3 到 5 位好友，一起共讀這本書，每次閱讀一兩個章節，共同討論，成為互相的支援小組，運用團體的力量，群策群力，互相鼓勵、鞭策自己、推進目標。

如果閱畢此書你有感動或是成長，我誠摯地邀請你以「利他賦能」、「成就他人」的心情出發，在臉書、IG、Medium 之類的社群平台寫下你所學到跟吸收到的新事物，分享你的目標。

你可以用各種方式這樣做。可以節錄文字分享，心智圖分析，或者談論共鳴點，讓更多人也有機會接觸到這本書。最後你可以 Tag # 何則文、# 個人品牌、# 聽說作者會來看 等關鍵字，我會固定在各平台上搜尋，給你直接的回應反饋，期待我們能因此產生更深刻的連結。

同時，如果你想更深入了解更多，我會很推薦你閱讀《別讓世界定義你》，它和你手上的這本書，其實互相有深刻聯繫。在《別讓世界定義你》裡我談論了如何用有效的方法翻

轉自己的階級，扭轉出身環境的枷鎖，不要讓外在限制你的可能。而在《個人品牌》中，則是告訴大家如何定位跟塑造自己品牌，進而創造價值。其實《個人品牌》有個潛書名，就是「告訴世界你是誰」，它與《別讓世界定義你》分別為我寫作計劃中「世界三部曲」的首部曲與二部曲。

另外，如果你的讀書會小組達到 15 人，或者你的單位教育訓練中有用到這本書作為訓練教材，都歡迎你跟我聯繫，我們看看如何安排時間，我很願意親自與喜愛這本書的讀者們分享其中觀點與更多我的故事，並深入的交流。

你也可以在臉書搜尋我的粉絲頁「小樹文策」點讚，訂閱關於我的最新動態，與我建立連結。

最後，相信我們都能因此成為更好的人，並且為身邊的朋友帶來正面影響，創造出屬於我們人生的價值。

期待未來屬於你的燦爛成就故事。

你的老朋友 則文

國家圖書館出版品預行編目資料

個人品牌：斜槓時代成就非凡的7個自品牌經營守
則 / 何則文著. -- 初版. -- 臺北市 : 遠流, 2019.12
　面；　公分
ISBN 978-957-32-8684-4(平裝)

1.品牌 2.行銷策略

496.14　　　　　　　　　　108018962

個人品牌：斜槓時代成就非凡的 7 個自品牌經營守則

Personal Branding : 7 Steps to a Brand New You in the Slash Generation

作　　　者　何則文
封面設計與製圖　何則文
內文協力　陳以音
行銷企畫　高芸珮
責任編輯　陳希林
內文構成　6 宅貓

發 行 人　王榮文
出版發行　遠流出版事業股份有限公司
地　　　址　臺北市南昌路 2 段 81 號 6 樓
客服電話　02-2392-6899
傳　　　真　02-2392-6658
郵　　　撥　0189456-1
著作權顧問　蕭雄淋律師
2019 年 12 月 01 日　初版一刷
2020 年 02 月 20 日　初版二刷
定價　新台幣 399 元（如有缺頁或破損，請寄回更換）
有著作權 ‧ 侵害必究 Printed in Taiwan
ISBN 978-957-32-8684-4
Yilib 遠流博識網 http://www.ylib.com E-mail: ylib@ylib.com